高节竹

高效培育与利用

桂仁意　何钧潮　杨潮锋　何荟如 ◎ 编著

中国林業出版社

◎ 内 容 简 介 ◎

高节竹是我国优良的笋用竹种，因其优良的经济、社会和生态价值而受到人们的日益重视。为了推动高节竹产业发展，笔者在总结自己多年研究成果的基础上，汇集相关研究进展，将其编著成册，期望更多人了解高节竹，培育并利用好高节竹，为乡村振兴发挥更大作用。

本书共八章，系统阐述了高节竹资源分布、栽培历史、生长发育特性、幼林管护和成林培育、特色高产高效培育、病虫害防治和加工利用等内容，反映了高节竹培育和利用的最新相关研究成果，可为高节竹的生产和研究提供参考。

本书力求图文并茂，深入浅出，理论结合实际，可以作为相关竹农、技术人员、企业以及高等院校和科研单位开展高节竹培育利用及相关研究的参考用书。

图书在版编目(CIP)数据

高节竹高效培育与利用/桂仁意等编著. —北京：中国林业出版社，2021.1

ISBN 978-7-5219-0986-9

Ⅰ.①高…　Ⅱ.①桂…　Ⅲ.①竹-栽培技术　②竹-加工利用　Ⅳ.①S795

中国版本图书馆 CIP 数据核字(2021)第 017525 号

策划编辑：康红梅　何增明
责任编辑：袁　理

出版　中国林业出版社
　　　(100009　北京西城区刘海胡同 7 号)
电话　010-83143568
印刷　河北京平诚乾印刷有限公司
版次　2021 年 8 月第 1 版
印次　2021 年 8 月第 1 次印刷
开本　880mm×1230mm　1/32
印张　4.5
字数　142 千字
定价　59.00 元

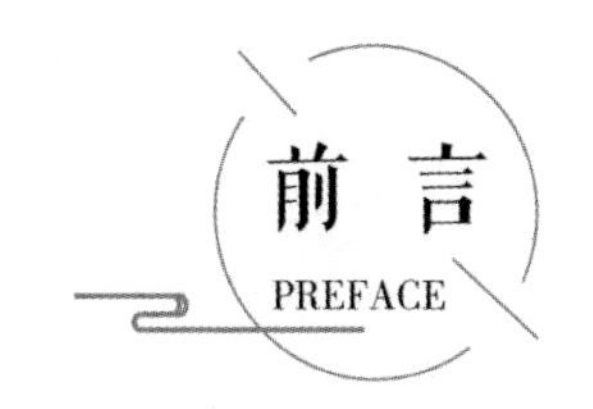

竹子是我国重要的生态、产业和文化资源。竹产业是我国林业朝阳产业，在推进生态文明建设和现代林业建设，以及乡村振兴和精准扶贫等国家战略中发挥着重要作用。

高节竹(*Phyllostachys prominens* W. Y. Xiong)别名哺鸡竹、洋毛竹、钢鞭哺鸡、黄露头、爆节竹等，因竹节明显隆起而得名，是我国优良的笋用竹种。高节竹栽培历史悠久，改革开放以来，高节竹产业快速发展，特别是近年来，随着国家西部大开发、脱贫攻坚和乡村振兴战略的实施，高节竹因其优良的经济、社会和生态价值而受到人们的日益重视。

为了推动高节竹产业的发展，笔者综合了多年的研究成果，并汇集相关研究进展，将其编著成册，期望成为相关竹农、技术人员、企业以及院校和科研单位开展高节竹培育利用及相关研究的参考用书。

本书共8章，力求图文并茂，深入浅出，主要介绍了高节竹资源分布、生长发育特性、幼林管护和成林培育、特色高产高效培育、病虫害防治和竹笋加工等内容。

本书在编写过程中，参考了相关资料和成果，在此，笔者衷心感谢被引用资料的所有作者。

本书能顺利问世，得到重庆市忠县林业局、贵州省雷山县林业局和中国林业出版社领导和同仁们热情支持和帮助。在《高节竹高效培育与利用》出版之际，表示衷心的感谢！

由于时间所限，书中存在不妥和错误之处，望各位读者不吝批评指正！

编者

2020 年 10 月 10 日

目 录
CATALOG

第一章 绪论

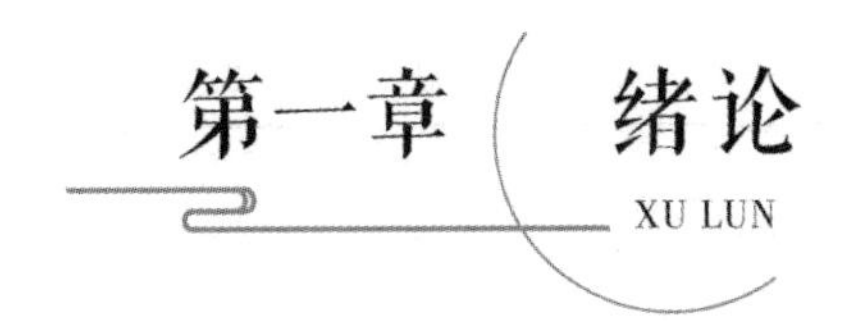

高节竹(*Phyllostachys prominens* W. Y. Xiong)别名哺鸡竹、洋毛竹、钢鞭哺鸡、黄露头、爆节竹等，因竹节明显隆起而得名(见彩图1-1，彩图1-2)。秆高7~10m，胸径4~5cm；竹节隆起，节间缢缩，新秆深绿色无白粉。笋箨黄褐色，内外都有白色纤毛，箨缘褐色，具褐色斑点或斑块，顶部尤密；箨耳发达，呈褐色，具长纤毛，上部箨片矛状外翻，微皱褶，箨片上部淡橘红色，下部灰绿色。笋似锥形，单株重250~400g，最重可达2kg以上。笋肉白色，质脆、味鲜，节腔分化明显。笋期为4~5月，历时40余天。竹笋产量高，一般竹林每亩*产竹笋1000kg，丰产竹林亩产竹笋1500kg，最高产量可达4000kg。高节竹笋既可鲜销，也是优良的笋加工原料，是不可多得的优良笋用竹种。

高节竹栽培历史悠久，《杭州府志》《临安县志》《於潜县志》和《昌化县志》等均有高节竹的记载。改革开放以来，高节竹产业快速发展，特别是近年来，随着国家西部大开发、脱贫攻坚和乡村振兴战略的实施，高节竹因其优良的经济、社会和生态价值而受到人们的日益重视。

第一节 资源概况

高节竹原产地集中分布于浙江省杭州市，江苏、安徽等地有栽培分布，近年来不断引种至四川、贵州和重庆等地。高节竹在不同地区有不同名称，如在杭州市临安区被称为哺鸡竹、洋毛竹或高节竹，在杭州市余杭区、桐庐县、富阳区和建德市又分别被称为哺鸡竹、黄露头、刚鞭哺鸡竹和罗汉竹，在安徽省宁国市则被称为爆节竹。

---

* 1 亩 = 1/15 公顷(hm^2)

一、高节竹栽培历史

高节竹栽培历史悠久，但规模不大，大多分布在河谷平地，房前屋后零星栽培，在丘陵坡地也有成片分布，所产竹笋以农家自产食用为主，食用有余，加工成笋干。其中，临安天目笋干加工已有500多年历史，自南宋以来，至明正德(1506—1521)、嘉靖(1522—1566)年间，天目笋干已为人们称道。宋代僧人赞宁《笋谱》即有“日干甚，耐久藏”“以备蔬食，尤妙者也”的记载。据《临安县志》记载，临安传统特产天目笋干中的“天目挺尖”，又称“白蒲头”，产于南乡三口，板桥、上甘等地，长不逾4寸*，粗若拇指，翠黄肥嫩清鲜，食之无渣。主要的原料竹笋种类就是高节竹、尖头青竹、红哺鸡竹等哺鸡类竹笋。

二、浙江高节竹资源发展

浙江的高节竹林集中分布在杭州地区，面积逾20万亩，其中临安、富阳和桐庐分别有高节竹林面积约13万亩、5万亩和3万亩，其他县市仅有零星分布。

杭州市临安区是高节竹资源分布中心，其竹林面积、竹笋产量和产值均居首位。

1966年临安的高节竹林开始成片开花，地上部分枯死，而后地下鞭重新萌蘖出小苗，资源逐步恢复。1984年，临安县政府提出“上促青山，下稳粮田，突破中间”的竹笋产业发展战略。“突破中间”就是开发丘陵缓坡地，发展优良食用竹笋，主要是雷竹与高节竹。在当地政府大力支持下，高节竹竹林面积、竹笋产量和产值稳步增长(表1-1)，面积从1983年约2万亩，发展到目前的约13万亩。

在临安，高节竹重点分布在太湖源镇、板桥镇、天目山镇、高虹镇、玲珑街道、锦南街道、於潜镇、太阳镇和河桥镇等地，其中太湖源镇高节竹竹林面积最多，约3.5万亩(见彩图1-3)。

---

* 1市寸≈3.3333厘米(cm)

表 1-1 临安高节竹笋历年产量产值

年度	竹林面积(亩)	鲜笋产量(吨)	竹笋产值(万元)
1989	36700	7340	734
1990	38200	7640	764
1991	39700	7940	953
1992	41200	8240	989
1993	42700	10675	1495
1994	44200	11050	1547
1995	45000	12000	2000
1996	45000	10000	2000
1997	50000	17300	2000
1998	55000	13750	2200
1999	55000	16500	2310
2000	60000	11550	1386
2001	65000	26000	1820
2002	70000	8775	1228
2003	70000	30429	2056
2004	75000	21046	2269
2005	80000	12500	1258
2006	85000	15400	2765
2007	90000	19400	3158
2008	95000	18200	3323
2009	100000	35300	6700
2010	110000	51500	7313
2011	118000	52900	7406
2012	120000	44155	6268
2013	132085	37513	7278
2014	129564	33945	6822

(续)

年度	竹林面积(亩)	鲜笋产量(吨)	竹笋产值(万元)
2015	128386	33035	5810
2016	128800	54100	9441
2017	129300	50362	9871
2018	130200	56961	7321
2019	129500	52900	5237

杭州市富阳区的自然地理条件也非常适宜高节竹生长，也是天然高节竹集中分布区，拥有高节竹林 5 万多亩，占竹林总面积的 8%，是区域内第二大竹种。在富阳，高节竹重点分布在新登镇、万市镇、洞桥镇、胥口镇和永昌镇等(表 1-2)，其中新登镇高节竹竹林面积最多，约 1.4 万亩。

表 1-2　富阳高节竹林面积分布

乡　镇	面积(亩)	乡　镇	面积(亩)
万市镇	9171.0	场口镇	736.5
洞桥镇	9211.5	环山乡	256.5
新登镇	14452.5	龙门镇	360.0
胥口镇	7179.0	常安镇	397.5
渌渚镇	2272.5	湖源乡	142.5
永昌镇	3043.5	大源镇	312.0
富春街道	505.5	灵桥镇	130.5
春江街道	43.5	里山镇	34.5
东州街道	427.5	渔山乡	10.5
鹿山街道	145.5	上官乡	105.0
银湖街道	849.0	常绿镇	184.5
春建乡	516.0	农林牧场	91.5
新桐乡	249.0	全区合计	50827.5

桐庐是浙江高节竹发展较多的县市，拥有高节竹面积有 3 万多亩，重点分布在横村镇、莪山乡等，其中莪山乡高节竹竹林面积最多，有 1 万余亩(见彩图 1-4)。

三、 全国其他地区高节竹资源发展

近十几年来，江西、福建等江南大部分省及西部四川、重庆、贵州都有广泛引种发展。其中，重庆市忠县通过从浙江省杭州市引种高节竹，面积已发展到 3 万余亩，重庆市忠县建立的竹子科技示范园区(见彩图 1-5)，其主要竹种为高节竹。该县马灌镇于 2019 年被中国林学会认定为“中国高节竹之乡”。贵州省雷山县近年来也将高节竹列为富民产业，计划引种高节竹 10 万亩，通过发展竹产业来促进乡村振兴。

第二节　资源开发与利用

高节竹培育具有六大优势：一是竹笋味鲜美、营养丰富；二是周期短、见效快，一年种，二年养，三年见效，四年成林；三是产量高、效益好，竹笋既可鲜销又可加工，既是“菜篮子”，又是“钱袋子”；四是抗逆性和适应性强，我国南方各地及西部四川、重庆和贵州等均适栽培；五是年年出笋，材性好，每年都可以进行竹笋采收与竹材采伐；六是枝叶浓密、景观优美，具有良好的森林绿化景观，且地下鞭根发达，具有良好的水土保持与涵养功能。简言之，高节竹培育具备经济、社会、生态三大效益。

一、 高节竹笋营养成分

竹笋蛋白质含量高，脂肪、糖分、纤维素等营养成分全面，磷、铁、钙等矿质营养元素丰富，俗称“山珍”。根据对高节竹笋等哺鸡类竹笋的营养成分分析，每 100g 鲜笋中平均蛋白质含量 2. 93g，脂肪含量为 0. 45g，总糖含量 3. 15g(表 1-3)。从竹笋营养成分来看，竹笋的营养非常丰富，而且对人体健康非常有益。高节竹竹笋壳薄肉肥，色白质嫩，笋味鲜美，清爽可口，鲜中带甜，清香松脆，松而不软，脆而不坚，为笋中佳品(见彩图 1-6，彩图 1-7)。与其他哺鸡竹笋相比，高节竹笋水分、糖分含量高，粗纤维含量少，更鲜嫩甜美。

表 1-3　不同竹种的竹笋体内营养成分(100g 鲜笋含量)

竹　种	水分(g)	蛋白质(g)	脂肪(g)	总糖(g)	可溶糖(g)	热量(kJ)	粗纤维(g)	灰分(g)	磷(mg)	铁(mg)	钙(mg)
高节竹	91.55	2.76	0.39	3.59	2.06	28.91	0.55	0.79	56.00	0.70	8.60
乌哺鸡	91.28	3.11	0.39	2.83	1.64	27.27	0.66	0.92	66.00	0.60	13.10
红哺鸡	91.41	2.89	0.46	2.76	1.73	26.74	0.64	0.91	66.00	0.80	9.70
白哺鸡	90.97	3.44	0.39	2.33	1.19	26.59	0.68	0.94	74.00	0.70	8.50
花哺鸡	90.95	3.06	0.55	3.14	2.36	29.75	0.66	0.81	60.00	0.80	4.00
尖头青竹	91.00	2.31	0.53	4.27	2.95	31.09	0.70	0.76	43.00	0.90	6.10
平均	91.19	2.93	0.45	3.15	1.99	28.39	0.65	0.86	60.83	0.75	8.30

注：(浙江林学院罐藏竹笋科研协作组，1984)

竹笋作为蔬菜，营养丰富，特别是蛋白质含量比常见蔬菜要高，比大白菜要高一倍(见表 1-4)。竹笋中脂肪的含量，约是常见蔬菜的3倍。竹笋中虽然含有丰富的膳食纤维，但平均粗纤维含量为0.65%，比常见蔬菜平均含量的0.94%低。竹笋鲜嫩、味美可口，经常食用竹笋不会引起身体肥胖，可减少肠癌发生。作为蛋白质含量高、氨基酸丰富、营养全面的健康卫生食品，竹笋食品宜大力开发利用，具有广阔的市场前景。

表 1-4　竹笋与其他蔬菜的营养成分比较(100g 鲜笋含量)

种　类	水分(g)	蛋白质(g)	脂肪(g)	总糖(g)	可溶糖(g)	热量(kJ)	粗纤维(g)	灰分(g)	磷(mg)	铁(mg)	钙(mg)
6种竹笋平均	91.19	2.93	0.45	3.15	1.99	29.39	0.65	0.86	60.83	0.75	8.30
大白菜	93.0	1.30	0.20	3.40	/	21.22	1.20	1.00	23.0	0.6	52.0
小白菜	94.5	1.30	0.30	2.30	/	17.00	0.60	1.00	50.0	1.6	9.3
苋　菜	89.0	3.40	0.30	3.70	/	31.00	1.30	2.30	52.0	5.0	270.0
菠　菜	93.4	1.90	0.20	2.00	/	17.00	1.00	1.40	28.0	2.0	81.0
芹　菜	94.3	2.20	0.10	1.40	/	15.00	1.00	1.00	23.0	1.2	93.0
莴苣菜	96.4	0.60	0.10	1.90	/	11.00	0.40	0.60	31.0	2.0	7.0
大蒜苗	86.4	1.20	0.30	9.70	/	46.00	1.80	0.60	53.0	1.2	22.0

（续）

种 类	水分(g)	蛋白质(g)	脂肪(g)	总糖(g)	可溶糖(g)	热量(kJ)	粗纤维(g)	灰分(g)	磷(mg)	铁(mg)	钙(mg)
洋 葱	88.3	1.80	0	8.00	/	39.00	1.10	0.80	50.0	1.8	40.0
南 瓜	91.0	0.50	0.10	6.90	/	31.00	0.80	0.70	22.0	0.2	39.0
番 茄	95.2	0.70	0.30	2.80	/	17.00	0.40	0.60	39.0	0.4	13.0
白萝卜	93.4	0.70	0.10	4.10	/	20.00	1.00	0.70	21.0	0.9	35.0
马铃薯	81.6	1.90	0	14.60	/	66.00	0.70	1.20	63.0	0.6	13.0
12 种蔬菜平均	91.3	1.45	0.16	5.06	/	27.58	0.94	0.99	38.0	1.5	63.0

注：（浙江林学院罐藏竹笋科研协作组，1984）

100g 高节竹鲜笋中，水分含量 91.55g，蛋白质含量 2.76g，脂肪 0.39g，总糖 3.59g，可溶糖 2.06g，热量 28.91kcal，粗纤维 0.55g，磷 56mg，铁 0.7mg，钙 8.6mg。由于鲜笋水分、糖分含量高，所以味道鲜美、鲜中带甜，口感好，品质优，松而不软，脆而不坚。高节竹等竹笋蛋白质水解后可产生 18 种氨基酸，其中有 8 种为人体必需氨基酸和 2 种半需氨基酸，竹笋中各种氨基酸较完整（表 1-5），此外还有磷铁钙等微量元素，矿质营养元素丰富，是理想的健康食品。

表 1-5 各竹笋品种中各类氨基酸含量

（占鲜重的%）（* 为干重的%）

氨基酸种类	高节竹	乌哺鸡	红哺鸡	白哺鸡	花哺鸡	尖头青
天冬酰胺（Asn）	0.0547	0.0372	0.0265	0.0458	0.0813	0.0359
* 苏氨酸（Thr）	0.0456	/	0.0162	/	/	/
丝氨酸（Ser）	/	0.0484	0.0410	0.0670	0.0760	0.0390
谷氨酸（Glu）	0.0327	0.0341	0.0168	0.0262	0.0542	0.0282
甘氨酸（Gly）	0.0047	0.0070	0.0108	0.0092	0.0056	0.0066
丙氨酸（Ala）	0.0092	0.0206	0.0238	0.0234	0.0189	0.0185
胱氨酸（Cys）	/	/	/	/	/	/
* 缬氨酸（Val）	0.0285	0.0377	0.0424	0.0422	0.0413	0.0328

（续）

氨基酸种类	高节竹	乌哺鸡	红哺鸡	白哺鸡	花哺鸡	尖头青
* 甲硫氨酸(Met)	0.0150	0.0164	0.0173	0.0190	0.0164	0.0159
* 异亮氨酸(Ile)	0.0132	0.0165	0.0208	0.0221	0.0189	0.0157
* 亮氨酸(Leu)	0.0142	0.0183	0.0289	0.0315	0.0213	0.0189
酪氨酸(Tyr)	0.1876	0.2066	0.1433	0.1384	0.1454	0.0949
* 苯丙氨酸(Phe)	0.0200	0.0276	0.0237	0.0369	0.0339	0.0228
* 赖氨酸(Lys)	0.0090	0.0162	0.0263	0.0268	0.0170	0.0178
* 组氨酸(His)	0.0066	0.0107	0.0123	0.0125	0.0089	0.0075
精氨酸(Arg)	0.0124	0.0199	0.0300	0.0323	0.0266	0.0240
脯氨酸(Pro)	0.0098	0.0225	0.0222	0.0246	0.0207	0.0130
氨基酸总量	0.46	0.54	0.50	0.55	0.59	0.39
必需氨基酸含量	0.15	0.14	0.19	0.19	0.16	0.13
必需氨基酸占总氨基酸含量的百分比	32.6	25.9	38.0	34.5	27.1	33.3

注：酸水解过程中色氨酸全部破坏，此表未包括在内(浙江林学院罐藏竹笋科研协作组，1984)。

二、 高节竹竹材理化性质

竹材坚实而富有弹性，易割裂而富有韧性，是一种优良的用材，自古以来广泛用于农业和人们生活等诸多领域中。高节竹的1年生竹材，水分含量高，内含物不充实，竹材抗压强度低；4~5年生竹材物理力学等性状已比较稳定，可以进行利用。然而，高节竹的竹节高隆起，不易劈篾，因此，大多整秆使用，主要用于蔬菜棚架。通过对高节竹的竹材纤维的长度、壁腔比、纤维含量、基本密度等理化性质的测试，其各类性状与其他竹材类似，可以用于生产重组竹或制浆造纸。

① 高节竹竹材的纤维性状。高节竹的纤维长度1.693mm，长度范围0.54~3.24mm，宽度14.91μm，长宽比113.5，壁厚5.83μm，腔径3.25μm，壁腔比3.59(表1-6)。竹材是制浆造纸的优质原料，

竹材的纤维形态、组织比量、纤维素含量和基本密度等性状是影响和决定竹材制浆造纸性能的重要因子。高节竹的纤维长度在刚竹属竹类中属于中等，其他性状也属一般；与针叶木纤维相比则较短，而与阔叶木纤维相比则要好得多，因此，高节竹竹材用于制浆造纸是完全可行的。

表1-6 高节竹等6种竹材纤维性状

竹 种	长度（mm）	长度范围（mm）	宽度（μm）	长宽比	壁厚（μm）	腔径（μm）	壁腔比
高节竹	1.693	0.54~3.24	14.91	113.5	5.83	3.25	3.59
乌哺鸡竹	1.769	0.65~4.46	15.21	116.3	6.21	2.80	4.44
红哺鸡竹	1.614	0.48~3.24	16.54	97.6	6.49	3.56	3.65
白哺鸡竹	1.700	0.54~3.62	16.69	100.6	6.41	4.09	3.13
花哺鸡竹	1.666	0.46~3.78	15.20	109.6	5.79	3.62	3.20
尖头青竹	1.815	0.62~3.78	16.07	112.9	6.36	3.35	3.80

注：（马乃训 等，2014）

② 高节竹竹材纤维长度在1.5~2.0的频率分布最大，占37.7%，纤维组织占组织比量为46.3%，纤维素含量占46.97%(表1-7)。

表1-7 高节竹等6种竹材纤维长度频率分布、组织比量、纤维素含量

竹 种	纤维长度(mm)的频率分布(%)					组织比量(%)			纤维素含量(%)
	0~1.0	1.0~1.5	1.5~2.0	2.0~2.5	2.5以上	输导组织	基本组织	纤维组织	
高节竹	7.0	32.0	37.7	14.7	8.6	5.25	48.45	46.30	46.97
乌哺鸡竹	5.3	29.3	30.0	22.7	12.7	3.40	44.30	52.30	43.37
红哺鸡竹	12.7	30.7	36.3	15.6	4.7	6.40	42.15	51.45	45.29
白哺鸡竹	13.4	28.0	29.0	19.5	10.1	7.65	60.75	31.60	45.28
花哺鸡竹	8.7	44.0	20.3	15.7	11.3	3.80	50.15	46.05	46.24
尖头青竹	7.0	24.3	33.0	25.0	10.7	7.46	50.35	42.19	43.46

注：（马乃训 等，2014）

③ 高节竹竹材的平均基本密度为0.6453g/cm^3，木质素含量23.59%，灰分1.37%(表1-8)。从高节竹的基本密度来看，相当于

木材的硬木类，可用于制造重组竹的竹板材。

表 1-8　高节竹等 6 种竹材的基本密度、木质素含量和灰分

竹　种	基本密度(g/cm^3)				木质素含量	灰分
	秆上部	秆中部	秆下部	平均	(%)	(%)
高节竹	0.7097	0.6202	0.6060	0.6453	23.59	1.37
乌哺鸡竹	0.7006	0.6848	0.6773	0.6876	25.53	1.86
红哺鸡竹	0.7034	0.6782	0.7396	0.7071	23.01	0.88
白哺鸡竹	0.6648	0.5959	0.5937	0.6181	20.43	2.11
花哺鸡竹	0.7054	0.6339	0.6951	0.6781	24.75	1.33
尖头青竹	0.7025	0.8400	0.8319	0.8581	22.80	1.20

注：(马乃训 等，2014)

三、 高节竹培育效益分析

1. 经济效益

高节竹根系发达，竹鞭粗壮，地下鞭生长速度快，发鞭、发笋率强。新造林，一年种，二年养，三年见效，四年成林，五年高产。一年种植，多年利用，从林业生产来看，是一个周期短、见效快的优势产业(见彩图 1-8)。

高节竹鞭根发达，发笋率强，年年出笋，竹笋粗壮，竹笋产量较高，亩产竹笋可达 2~3t。由于高节竹每年换叶，年年出笋留竹，每年每亩留养新竹 200~300 株；一般高节竹亩立竹量 800 株左右，每亩可采伐 200~300 株，亩产竹材 500~750kg，高可达 1.5t。高节竹竹材竹壁厚，强度大，宜全秆利用，广泛用作蔬菜大棚的棚架。

高节竹竹笋粗壮，竹笋产量高，亩产竹笋一般在 1000kg，最高可达 3500kg。竹笋既可鲜销又可加工，既是“菜篮子”，又是“钱袋子”。通过覆盖高效栽培，鲜笋亩产值可达 14000 多元，进行鞭笋覆盖生产，鞭笋产值可达 3000~4000 元，此外竹材每年可以采伐，竹材收益可达 1000 元，具有较好的经济效益(见彩图 1-9)。

临安高节竹面积 1983 年约 2 万亩，经过几十年的发展，高节竹面积增加到 13 万亩，竹材产量逐年增加。1995 年随着辽宁和山东等北方地区蔬菜大棚产业的发展，临安高节竹材销往北方，高节竹材每

100 斤* 收购价从 18 元上升到 37 元，专门经销高节竹竹材人员有 30 余人，年销竹材 4.5 万吨。2014 年开始，钢管等材料逐渐取代竹材，高节竹材销量大幅减少，每 100 斤收购价回落到 25 元左右。高节竹在北方市场交易时不按重量计价，而是按长度和支数计价，不论粗细。梢头直径不小于 1cm，长度为 6m、7m 和 8m 的分别为 10 支、7 支和 5 支为1 件，每件价 23～24 元。9m、10m 和 11m 长的均为 3 支 1 件，每件价分别为16～17元、22～23 元和 25 元。

2. 生态效益

高节竹鞭根发达，适应性非常强，既适合河谷平原、丘陵缓坡疏松肥沃的土壤，同时在坡度稍大(如 30°左右)，土层浅薄，立地条件较差的环境也能适应；与树木、毛竹也能混交生长；在海拔 600～1000m 的高山地带也适宜种植发展。从全国范围来看，南方各地及西部四川、重庆等有毛竹分布的地区均适宜栽培。因此，江河两岸，河谷平地；公路两侧，房前房后；丘陵缓坡，山冈坡地都适宜高节竹栽培。在城市可作为公园环境绿化、美化的景观林建设，在农村可作为涵养水源，防风固土的防护林进行栽培(见彩图 1-10)。

3. 社会效益

浙江省杭州市高节竹栽培的历史悠久，有丰富的栽培经验和良好的群众基础。高节竹是优良的笋材两用竹，竹笋产量高，通过高产培育经营，增加农村经济收入，是农民的“钱袋子”；竹笋鲜美，营养丰富，是健康卫生蔬菜，可以直接进入农贸市场鲜销，是城市居民的“菜篮子”；竹笋又适合多种加工，加工成各种竹笋食品。高节竹竹材高大，产量高，坚固实用。种植发展高节竹，既有显著的经济效益，又有良好的社会效益。

第三节 其他哺鸡类竹种

高节竹属哺鸡竹类，在我国刚竹属中与高节竹类似的哺鸡类竹种多、资源丰富，主要有白哺鸡竹、乌哺鸡竹、红哺鸡竹(红壳竹)、尖头青竹(青哺鸡竹)、花哺鸡竹、富阳乌哺鸡竹等，它们形态习性相

* 1 斤=500 克(g)

近，笋期基本相同，笋味极佳，是优良的笋用竹种。

哺鸡竹类竹种为刚竹属中一类中期出笋的中径笋用竹种，以培育生产食用鲜笋为主，作为蔬菜供应市场，所以又称为菜竹。哺鸡竹类除高节竹外，还有白哺鸡竹(*Phyllostachys dlulcis* McClure)、乌哺鸡竹(*Phyllostachys vivax* McClure)、红哺鸡竹(*Phyllostachys iridenscens* Yao et chen)、尖头青竹(*Phyllostachys acuta* C. D. Chu et C. S. Chao)、花哺鸡竹(*Phyllostachys glabrata* Chen et Yao)、富阳乌哺鸡竹(*Phyllostachys nigella* Wen)等。雷竹(早竹)也有称为早哺鸡竹，因其出笋特别早没有归类于中期出笋的哺鸡竹类中。

本书主要介绍高节竹的高效培育与利用技术，对生态学、生物学等特性非常相近的哺鸡竹类，如白哺鸡竹、乌哺鸡竹、红哺鸡、尖头青竹、花哺鸡竹等，均可以借鉴参考。

1. 白哺鸡竹

白哺鸡竹因竹笋色白如象牙又称象牙竹(见彩图 1-11)，竹秆高 6~10m，胸径达 4~7cm，竹秆基部节间常见有不规则的淡白色或淡黄色细条纹，新秆有白粉；秆箨新鲜时淡白色或浅黄色条纹，顶端浅紫色，有淡褐色稀疏的小斑，质地薄柔软，有白粉，无毛；箨耳卵状，緣毛发达，初时绿色，后淡褐色；箨舌先端凸起，褐色，具短细纤毛；箨片长三角形至带状，强烈皱折，常上举，亦有反转，颜色多变。白哺鸡竹出笋期较短而集中，笋肉色白，竹笋粗壮呈锥形，适度采收的长 26 ~30cm，基部直径 3.5 ~ 4.0cm，单株重 200~250g。笋味上乘，脆嫩味甜，含水量高。笋期 4 月上旬至 4 月下旬，4 月中旬为盛期，亩产竹笋 500~600kg，最高达 1000kg。

2. 乌哺鸡竹

乌哺鸡竹别名麻哺鸡竹、蚕哺鸡竹、乌桩头竹(见彩图 2-12)，秆高为 6~10m，胸径 5~8cm，秆无毛，初时被厚白粉。箨鞘初被白粉，背面无毛，具密集褐色云斑，箨耳及鞘口緣毛不发育，箨舌较短，两侧下延。箨片细长带形，前半部强烈皱折；竹叶较长而呈簇叶状下垂，有光泽，外观醒目；新秆绿色，节下有白粉环，秆环极肿胀；竹笋甚粗壮，适度采收的长 27~33cm，基部直径 4~5cm，单株重 300~400g。笋肉白至白黄色，相对壁厚 0.6cm，节腔分化明显，平均节长 0.98cm。笋味美，含水量高。4 月下旬收获初期，5 月初为盛期，5 月中旬为收获末期，历时 30 天左右，亩产竹笋 650~750kg，最高达 1150kg。

3. 红哺鸡竹

红哺鸡竹别名红竹、红壳竹、红鸡竹(见彩图 1-13)，秆高 6~10m，胸径 6~8cm，新秆绿色，节上半部白粉较厚，秆基部节间常具淡黄色纵条纹，秆环和箨环中度缓隆起；箨鞘紫红色，密布紫黑色斑点和稀疏白粉，光滑无毛，边缘及顶部紫褐色，箨耳缺失，无鞘口繸毛，箨舌较隆起，紫黑色，先端具长纤毛，箨片外反略皱折，带状，中间绿紫色，边缘橘黄色，颜色鲜艳；竹笋先端较尖，笋肉白至黄白色，笋味甜美，质脆鲜嫩。适度采收的长 30~35cm，基径 4~5cm，单株笋重 250~300g。笋期 4 月中旬至 5 月上旬，4 月下旬为盛期，历时 25~30 天，亩产竹笋 500~750kg，最高达 1500kg。

4. 尖头青竹

尖头青竹别名青哺鸡竹、青笋竹，因竹笋头尖，笋壳青绿色而得名(见彩图 1-14)。秆高 6~10m，直径 4~6cm，新秆绿色，节紫色，秆环微隆起。箨鞘绿色，光滑，无白粉，疏生易落刚毛，在中部密集深褐色斑点；无箨耳和鞘口繸毛；紫绿色箨舌隆起，有白色短纤毛，先端波状，两侧多少下延；竹笋圆锥形，自基部向尖端急剧变细，笋壳青绿色，适度采收长 30cm 左右，基径 5cm，单株重 200~250g，笋肉色白，质脆味甜，笋味鲜美。笋期 4 月中下旬至 5 月中、下旬，5 月初为盛期。历时 30 天左右。亩产竹笋 500~750kg，高的可达 1000kg。笋味美，为优良笋用竹种。

5. 花哺鸡竹

花哺鸡竹别名花壳竹、杠竹(见彩图 1-15)，竹秆高达 6~8m，直径 3~5cm，秆直立，新秆深绿色，无毛无白粉，老秆灰绿色，秆环平与箨环同高；箨鞘红褐色或淡黄紫色，具较密的褐色斑块，箨鞘先端尤密，光滑，无毛，无粉；无箨耳及鞘口繸毛，箨舌宽短截平，淡紫色，先端生有短纤毛；箨片外翻，强烈皱折，带状，紫红色，两边紫绿色向里变橘黄色；本种与红哺鸡竹极为相似，其箨鞘红褐色或淡黄紫色，无粉可以区别。花哺鸡竹笋肉黄白色，笋味好，质脆味美，稍带甜味，含水量中等。适度采收的长 26~30cm，基径 4~5cm，单株笋重 250~300g。笋期 4 月中旬至 5 月上旬，4 月下旬为盛期，亩产竹笋

500~750kg，最高达1000kg。

6. 富阳乌哺鸡竹

富阳乌哺鸡竹，又称乌哺鸡竹(见彩图1-16)。竹秆高5 ~ 8m，直径4~5cm，新秆节下有薄的白粉环；箨鞘鲜时褐色至灰绿色，密被褐色云斑，上部尤密，箨鞘疏生细毛，箨耳卵状紫褐色，左右不匀称，具绿色长繸毛；箨片紫绿色，边缘黄绿色，反转有皱折；富阳乌哺鸡竹因箨鞘有毛，有箨耳易与乌哺鸡竹区别。竹笋适度采收长27~33cm，基径4~5cm，单株笋重250~300g，笋肉白至黄白色，笋味鲜美，笋期4月下旬至5月中下旬，5月上旬为盛期，历时30天左右。亩产竹笋600~750kg，可达1000kg。

第二章 高节竹生长发育

GAO JIE ZHU SHENG ZHANG FA YU

高节竹是多年生常绿单子叶植物，营养器官有秆、枝、叶、箨、笋、地下茎(鞭、根)，生殖器官有花、果实、种子等，其生长发育不同于一般乔木、灌木、草本等其他高等植物。高节竹竹秆寿命短，开花周期长，更新生长主要是通过无性繁殖来实现的。

第一节 竹鞭生长发育

高节竹的地下茎，俗称竹鞭，鞭根发达，横走地下，竹鞭生长发育，通过鞭梢生长，实现竹林发展。竹鞭有节，节上生根，每节一芽，交互排列，竹鞭大部分分布在 5~40cm 的土层中，在疏松的土壤中可以达到 80cm 以上。

竹鞭有三部分组成，即鞭柄、鞭身、鞭梢。鞭梢是竹林地下茎竹鞭的生长点；鞭柄是子鞭和母鞭的连接点，约 15~20 节，长 3~7cm，实心无芽没有根；鞭身是竹鞭的主要部分，在疏松土壤中，呈上下稍扁的椭圆形，每个节上皆有鞭根或根芽点，环状排列，数目 15~20，有一部分根芽点会不萌发鞭根而隐退。竹鞭每节侧生一芽，可抽鞭或发笋，鞭芽一侧有芽沟，鞭根上还有支根和须根；鞭根在鞭节上只发生一次，一般受伤掘断后不再萌发，但主根先端也有分叉出多条主根；须根为生理活跃根系，可吸收水分和养分(见彩图 2-1)。

一、 鞭梢生长

鞭梢是竹鞭的先端生长部分，鞭梢采挖下来即为鞭笋(见彩图 2-2)。鞭梢有一层较厚的鞭箨包被，非常坚硬，尖削如楔，有较强的穿透力。竹鞭上的侧芽分化萌发为鞭芽后，芽的顶端分生组织经过细胞分裂形成新的鞭节、鞭箨、鞭根原始体和居间分生组织，居间分生组织又经过细胞分裂、伸长，使竹鞭节间加长和增粗，通过鞭梢的生长不断延长，形成鞭身；竹鞭身逐渐成熟后，又有新的鞭侧芽分化成笋芽或鞭芽。

二、 鞭梢的生长季节

高节竹为中径竹种，一年为一个生长周期，每年出笋、长鞭、换叶，在自然生长的竹林中存在大小年现象。每年出笋成竹后，竹鞭开始生长，竹鞭生长量每年有一定的差别，受温度、水分等因素影响，竹鞭生长量差异加大。一般 5 月开始地下鞭生长，6~8 月快速生长，生长量较大，9~10 月速度减慢，11 月生长量更小，12 月至翌年 3 月基本停止生长。

三、 鞭梢生长与土壤条件

土壤条件的好与差，对鞭梢的生长影响很大。在质地疏松，养分丰富，肥沃湿润的土壤中，特别是新造竹林，地下鞭梢生长较快，1 年可生长 3~5m，而且竹鞭粗壮，鞭根发达，鞭段长，岔鞭少；竹鞭椭圆形，宽径与地面平行，鞭侧芽在竹鞭两侧，侧芽饱满，有利于笋芽分化与竹笋高产；竹鞭生长方向变化不大，不会上下起伏，扭曲跳鞭，竹鞭的分布深，在土壤中的位置正常。而在土壤浅薄，贫瘠板结，石砾过多，干燥缺水的竹林，特别是荒芜的老竹园，地下鞭纵横交错，竹鞭分布浅，鞭梢生长受阻，竹鞭生长受到竹蔸、老鞭、树根的影响，上下起伏，生长缓慢，岔鞭较多，岔鞭折断后又生岔鞭，新鞭细小，鞭段短，粗细不匀，畸形扭曲，鞭根数量少，细而短；鞭侧芽瘦小，分化成笋芽数量少，生长的竹笋细小，产量低，留养母竹成竹质量也低。

四、 断梢与岔鞭

鞭梢在生长过程中会发生断梢现象。在自然生长的竹林中，断梢绝大多数并不是折断，而是鞭梢先端部分生长受阻停止，鞭梢坏死腐烂。引起断梢原因很多，主要有寒冬鞭梢停止生长后，一般鞭梢都会萎缩烂掉；鞭梢在生长过程中遇到石头、老蔸、树头、低洼积水、高温干旱，鞭梢生长都会受阻、受损而出现腐烂断梢；在生产过程中松土、挖笋等生产活动也会使鞭梢受伤而出现断梢。一般出现断梢以后，在气温、养分、水分等适宜的情况下，接近鞭梢前端的侧芽则分化成鞭芽，形成岔鞭。通常在坡地生长的竹林，水平方向生长的竹鞭其断梢现象比较少，山坡上下方向生长的竹鞭其断梢现象比较多。

鞭梢生长具有顶端优势，鞭梢在受伤断梢后，竹林地下鞭系统会将贮存的养分优先供应近鞭梢的侧芽，使其快速萌发生长；岔鞭的数量多少及分岔的位置与断梢有关，与土壤条件也密切相关，断梢多则岔鞭多，土壤立地条件好，疏松肥沃则岔鞭少；在的疏松肥沃土壤中，竹鞭生长粗壮，一般岔鞭1~2根，而在板结贫瘠的土壤中，竹鞭生长细弱，有时岔鞭多达5~6根。

在自然生长或丰产经营、高产经营所有竹林中，竹笋萌发部位与竹鞭的年龄有关，年轻的竹鞭大部分在鞭段前半部，年老的竹鞭在中后部。壮芽的多少，发笋的数量，与竹鞭的粗壮程度，养分贮存丰富有关，一般竹鞭粗壮、鞭根发达，贮存养分丰富，则鞭芽壮，出大笋，长大竹，母竹粗壮，成竹质量高。

对于一个长鞭段来说，鞭段上的鞭侧芽，是经多年分化出土完成的。一片竹林产量的高低，与竹林地上立竹结构有关，与地下结构及有效鞭总量有关，与局部的长鞭段关系不密切。在高产经营竹林中，有时采用鞭笋生产，挖掘鞭笋，控制竹鞭段的长度，促进多发鞭，增加有效鞭长度，提高竹林的产量与效益。所以在丰产高产竹林培育上，通过松土施肥，加客土等措施，以及母竹留养，调整竹林结构，改进竹林土壤水肥条件，促进鞭梢生长，培育粗壮竹鞭，促进竹林持续发展是非常必要的。

五、 跳鞭

跳鞭是指鞭梢钻出地面，随后又钻入土中，形成弓形的竹鞭段(见彩图2-3)。跳鞭初时呈绿色，浅绿色，节间短密，侧芽基本不萌发，根芽点也很少发根，露出地面的跳鞭，一般比相连的土中竹鞭细小。产生跳鞭的原因主要是地形的变化，以及土壤板结不透气，土壤中有石头等，使鞭梢在土壤横向生长的过程中受阻上翘，因竹鞭有向地特性，鞭梢出土后，在阳光作用下，又返向地下生长，形成跳鞭。

在竹林中经常有鞭梢出土后，不返向地下生长，而继续向上生长，形成小竹秆，叫做鞭竹；一般鞭竹较细小，竹壁厚，竹秆基部弯曲，没有什么经济价值。在笋用林经营中，早期5~6月发现翘头鞭梢，应保留并及时进行埋鞭，后期8~9月应挖去，作鞭笋利用，竹林中鞭竹应及时挖去。

六、 竹鞭年龄与发笋能力

高节竹林每年长鞭发笋，成林竹园的地下竹鞭由不同年龄的竹鞭组成，1年生新鞭，前端为刚生长鞭梢，鞭箨包被严密，组织幼嫩；中段的竹鞭鞭箨松开，组织正在充实，鞭根开始生长；后段的竹鞭，鞭箨开始脱落，竹鞭呈淡黄色，已有部分笋芽分化，第二年春夏少量的鞭侧芽会发笋，从年度来说属于第二年，而从周年来说还是一年生，竹林地下鞭生长，竹笋生长都是跨年度进行的。1年生的竹鞭，鞭梢作为鞭笋采挖后，在很短时间内甚至几十天内就会长出多个鞭梢岔鞭。2年生竹鞭，鞭体组织已经成熟，鞭侧芽已发育完全，已具有抽鞭发笋的能力，这时竹鞭由黄色转变为黄铜色，竹鞭根分生出多级的支根与细毛根，已具有较强的水分、养分吸收能力，鞭根生长旺盛。3~4年竹鞭为壮龄竹鞭，已形成强大竹鞭根系，吸收养分能强，贮存养分丰富，发笋数量多，大部分竹笋产量来自壮龄鞭，而且竹笋粗壮，母竹容易留养，大部分幼龄竹和壮龄竹都生在壮龄鞭上。5年生的竹鞭，大部分鞭侧芽已经分化出笋，竹鞭发笋能力下降。6年生的竹鞭，鞭色变为褐色至深褐色，随着鞭龄的增加，鞭侧芽已基本分化出笋，剩下部分鞭侧芽，多为孱弱细小或已腐烂死亡，已经失去萌发能力，偶有出笋，也多半成为退笋。这时的竹鞭已成为老龄竹鞭，虽然老龄竹鞭已不能萌笋发鞭，鞭侧根稀疏，须根死亡，已没有什么能力再吸收水分养分，但仍然是一个输导组织，将母竹积累的养分输送到新鞭段的生长部位。

新造的竹林，地下竹鞭数量少，地下空间充裕，竹鞭梢生长快，竹鞭逐渐增粗，抽鞭发笋能力增强，竹林生长处于上升阶段。经4~5年培育，竹林成林，形成一个复杂的地下竹鞭系统。再经过5~8年的生长，地下鞭系统就会逐渐老化，老蔸老鞭充斥林地，竹林生产能力下降，鞭梢生长受阻，竹林开始老化。因此竹林成林以后，应每年进行松土施肥，及时挖掉老鞭竹蔸，改善竹林土壤的水肥、通气等条件，保持竹林年轻健壮。

第二节　竹秆生长发育

一般认为竹秆是竹株的主体，但其实竹鞭地下茎才是真正的主体，地上部分的竹秆只是这个竹鞭地下茎主体的分支。竹秆由秆柄、秆基、秆茎三部分组成(见彩图 2-4)。秆柄又称为“螺丝钉”，无根、无芽、实心，是竹秆和竹鞭相连接的部分，长 1cm 左右，约有 7 ~ 11 节，是竹鞭根系统将水分及矿物质营养元素向竹秆、枝、叶输送，并且光合作用产生的有机营养物质由叶片、枝、竹秆向地下鞭根输送，秆柄是一个输导组织，是养分、水分等输送的枢纽。秆基是竹秆的基部，具有固定竹株的作用，一般全部生长在泥土中，长十几厘米，8 ~ 12 节，每节生有根芽点或竹根，下半部实心，上半部有空心竹腔。秆茎是竹秆的地上部分，秆茎有 30 ~ 50 节，高在 6 ~10m 左右，竹秆的高度与节数有较大的差别，竹秆圆形，节间中空，每节两环，秆环与箨环，两节之间称为节间，相邻两个节间有一木质横隔称为节隔，中上至顶部 20 ~30 节，生有枝叶。

竹秆的生长主要可分为三个阶段：竹笋的地下生长阶段，竹笋出土秆形生长阶段，成竹生长阶段。

一、　竹笋的地下生长

竹笋在土壤中，从鞭侧芽的笋芽分化、膨大、到出土这个生长过程，称为竹笋的地下生长阶段。一般笋芽的分化时间是在秋季开始进行，而竹笋的出土则在 4 ~ 5 月份，竹笋在地下生长的时间比较长，需要大半年的时间，大部分竹笋的地下生长都是跨年度进行，竹笋在土壤中生长，经过顶端分生组织不断地细胞分裂和分化，形成节、节间、节隔、居间分生组织、笋箨，到出土之前，竹笋的节数已定，出土之后不再增加新节，一般整株竹笋在 50 ~ 70 节，每株竹笋因生长发育不同，竹笋的大小、节数也不相同，有较大的差异 (见彩图 2-5)。

高节竹等哺鸡竹类，一般在秋后 8 ~ 9 月开始笋芽分化，冬季停止，到第二年春末 4 月中下旬开始竹笋出土时春季可二次分化。竹笋出土时间的早迟与温度、养分、水分有关，与区域、海拔、阳坡、竹林密度及人工覆盖的温度积温有关，当气温连续一段时间上升到15℃以上时，竹林开始出笋，气温高则出笋早，一般南方比北方出笋早，低山比高山出笋早，阳坡比阴坡早，密度小的比密度大的早，鞭浅的比鞭深的早，而竹林覆盖可以夏笋冬出。竹林水肥管理与出笋也密切相关，竹林营养、水分充足，笋芽分化早，竹笋生长旺盛，则出笋早，如养分不足，干旱缺水则出笋延迟。高节竹出笋期一般40天左右，通过培育管理，积极采收竹笋，出笋期可以延长，进行人工覆盖可提早出笋期120多天，而在海拔500~1000m的山地种植高节竹可延迟出笋期15天左右。

竹林的整个出笋期，按竹笋出土的数量，可以划分为初期、盛期和末期三个时期，初期大多为浅鞭笋，竹笋出土的数量少；盛期大多为深鞭笋，竹笋出土的数量多，竹笋粗壮质量好；末期，出土数量迅速下降，竹笋质量差，病虫笋多。高节竹一般为笋用竹林，对于丰产高产经营的笋用竹林，一般在盛期的后期进行母竹留养，因初期留养较早则影响竹笋产量，末期留养较迟则影响母竹的质量。而景观林、防护林，自然经营竹林可以在初期与盛期就开始进行母竹留养。

二、 竹笋出土秆形生长

竹笋出土，从基部开始，先是笋箨生长，然后是基部几个节的居间分生组织逐节次第分裂伸长，推动笋箨向上移动，长出地面(见彩图2-6)。秆形生长，又叫竹笋-幼竹生长或叫竹秆的形态建成。竹笋从出土到幼竹高生长停止所需35天左右，所需时间的长短与气温、水分有关，早期笋，气温低，生长慢，所需时间长；末期笋，温度高，生长快，所需时间短。秆形生长，按照生长的速度，可分为初期、盛期和末期，竹笋出土后，整个生长过程其实本质上是各个节居间分生组织生长的结果，在生长过程中，各节的节间伸长活动不是同时开始，也不是一个节生长完了，再进行第二个节的生长，而是从基部开始，几个节自下而上，以不同的伸长速度和伸长量，按慢—快—慢的节律，逐节向上推移，直至全竹高生长结束。

① 初期：竹笋开始露出地面，笋体仍处于土中，继续径向膨大生长，每天竹笋高生长量逐渐增大，一天生长量从2cm到10cm以上，

生长时间约10天左右，秆基部各节开始生根。

②盛期：竹笋生长速度逐渐加快，一天高生长量从20cm到50cm以上，这时是竹笋生长最快时期，生理代谢活动非常活跃，秆基各节大量生根，并大量萌发支根，此后高生产速度变慢，此期经历过程约15天左右。

③末期：竹笋高生长基本完成，逐步向幼竹过渡，枝条开始伸展，待全竹枝条长齐后，迅速展放竹叶，形成新竹，此期过程约10天，至此，幼竹秆形生长完成。在秆形生长期间，地下部分秆基上相应生长竹根及支根，使新竹生长稳固。

在秆型生长过程中，常常会有退笋现象，而引起退笋的原因最主要是营养不足与各种虫害。据调查竹林地下有大量的鞭侧芽，一般的丰产竹林每年笋芽分化后，有50%的笋芽不能出土，在泥土中成为退笋；每年生产挖掘的竹笋有几千株，而每年留养的母竹一般在250株左右。施肥可以补充养分，可显著地提高竹笋的产量与数量，但退笋的数量也随之增加，退笋的比例不会减少。

三、成竹生长

竹笋秆形生长形成新竹后，竹株的形态建成，竹秆一般不再长高与增粗，竹秆的体积与形态也不再发生明显的变化，这时竹秆含有大量的水分，各部分的组织仍须不断充实成熟，竹秆的成竹生长是竹秆内含物的充实期，竹秆材质生长的增进期，竹秆组织的成熟期，是竹子个体从幼龄到老龄的一个生长发育过程(见彩图2-7，彩图2-8)。

高节竹等哺鸡竹类主要为笋用林，在笋用林经营中，竹株的成竹生长主要考虑各年龄阶段抽鞭发笋能力，根据丰产竹林竹株的生理活动对整个竹林系统的影响，一般可分为以下三个年龄阶段。

第一，幼龄阶段。竹秆组织逐渐成熟，细胞壁增厚，含水量不断减少，内含物逐渐充实，干物质重量增加，同时生理代谢活动旺盛，叶片内的叶绿素、糖分和营养元素含量处于高水平，这时新竹光合作用制造的养分主要用于自身的充实生长，干物质的积累等，这个阶段的竹龄一般为1年生。

第二，壮龄阶段。新竹自身的充实生长基本结束，生理代谢活动最为旺盛，叶绿素和营养元素处于高而稳定的水平，内含物进一步充实，积累的大部分养分，主要用于地下鞭生长与竹笋生长。这一阶段的竹龄为 2~3 年生。

第三，中老龄阶段。竹株的养分含量和生理代谢强度由高水平的稳定状态逐渐趋向下降，抽鞭发笋能力很快下降，根系的吸收能力减弱，处于这一阶段的竹龄为 4~5 年生。5 年生母竹虽然具有光合作用积累养分的能力，但所连竹鞭已 6~8 年，老鞭的侧芽已大部分分化出笋，所以高节竹等笋用林，母竹可保留 4 年，5 年生以上的可认为是老竹，应及时进行更新，每年合理留养母竹，保持年轻的合理的竹林结构。

第三节 竹树系统

高节竹为单轴散生型竹种，地下茎竹鞭，鞭长芽，芽成笋，笋成竹，竹连鞭，鞭养笋，竹养鞭，鞭梢不断生长，竹林则不断繁衍发展，形成地下竹鞭与地上竹秆相连的有机统一体。一片竹林，地上有众多竹株，而其在地下互相连接，起源于一个或几个“竹树”，构成竹树系统。竹鞭地下茎即是“竹树”的主茎，横卧地下，地上的竹秆是“竹树”的分枝。高节竹林可以看作是由若干竹树系统组成的完整生态系统。

一、 竹树系统的形成过程

1986 年《临安竹讯》第 8 期以题为“种好一支竹，等于养了一头大肉猪”介绍了临安县板桥镇西村村民吴龙福种植一株高节竹发展成一片竹林，即形成一个竹树系统的过程(见彩图 2-9)。1982 年[illegible]月吴龙福在其房屋南面山脚种了一株高节竹。选用 1 年生母竹，胸围 9cm，来鞭长 0.5m，去鞭长 1m，随挖随种。种后当年出笋[illegible]支，留新竹 3 支。1983 年，留新竹 13 支，挖笋 5 斤；1984 年留新竹 14 支，挖笋 20 斤；1985 年留新竹 1[illegible] 支，挖笋 150 斤；1986 年留新竹 39 支，挖笋231 斤，产值 86.6[illegible]元，扩展成面积约 0.1 亩的竹林，由一株竹形成了一个竹树系统。

二、大小年现象

由于温度、降雨、土壤养分、自然灾害及经营管理等因素，导致高节竹林可能出现大小年现象。

高节竹大小年指一年出笋多(称大年)一年出笋少(称小年)的现象。在进行高效培育的高节竹丰产林中，由于养分充足，年年出笋高产，没有大小年现象；在一般强度经营的竹林中，有大小年现象；在粗放经营的竹林中，会出现明显的大小年现象，特别是在一年留养母竹、一年不留养母竹交替进行的竹林，这种大小年现象会更加明显，小年的竹笋产量只有大年的50%左右。这种大小年现象产生的原因与毛竹林不同，因毛竹是二年换叶一次，大年出笋成竹，小年换叶长鞭而几乎不出笋。

第三章　分类经营

FEN LEI JING YING

第一节　立地条件分类

高节竹林的发展是从零星分散小面积向集中成片大面积发展，从房前屋后、河滩平地、四旁种竹向丘陵缓坡发展，然后扩大到农田与山地。从立地条件类型，主要可分为以下三种。

一、　平地高节竹林

平地高节竹林，包括农田竹林、河谷两岸竹林，及房前屋后、道路两侧、田头地坎等四旁竹林(见彩图 3-1)。

平地竹林，一般土地平缓，坡度不大，海拔较低，离村庄较近，土层深厚，土壤肥沃，交通方便，便于管理。这些竹林适合高产笋用林的发展，便于集约经营；还可以推广覆盖早出、鞭笋生产等特色经营技术，获得高产高效。

农田高节竹林，一般地势较低，地下水位较高，因此农田在种竹时，要进行深翻，挖破犁底层，开挖深沟，使竹林排水通畅，把田改造成地。这部分竹林，有较好的水分灌溉条件，交通方便，可以推广高产经营技术与覆盖早出特色经营技术。

河谷两岸高节竹林，既是经济林又是生态林，除了产出竹笋竹材以外，同时又是很好的防护林与景观林，可以防洪，涵养水源，保护堤坝，减少洪水的危害；可以防风，降低风速，减少台风对农作物危害；有良好的绿化美化效果，在美丽乡村建设中发挥重要作用(见彩图 3-2)。

临安平地与农田高节竹林约 3 万亩，其中农田高节竹面积约 2 万亩。

临安县板桥镇西村高节竹竹笋种植示范户吴龙福，1976 年为了防风在房前与屋后种了 6 支高节竹；1979 年开始投产，1982 年两块竹林面积 0.42 亩，竹笋产量 1070kg，收入为 580 元；1983 年高节竹笋产量 1272.8kg，收入为 639.29 元，当时农村人均收入是 300 元。到 1986 年 0.42 亩高节竹林鲜笋产量 1635kg，折亩产鲜笋 3892.9kg，创造了高节竹小面积亩产竹笋高产纪录，竹笋收入 1442.65 元，折亩产值 3434.90 元。

二、 丘陵高节竹林

丘陵是指连绵起伏和缓低矮的山丘，相对高度在 200m 以内，海拔高度在 500m 以下。丘陵土壤厚薄肥瘦，坡度坡向有较大的差别，因此丘陵高节竹林有多种经营类型。

临安从 1983 年开始，积极开发丘陵缓坡，发展丘陵竹林，推广发展优良笋用竹种雷竹与高节竹。在丘陵缓坡发展布局上，由于雷竹出笋早，价格高，效益好，因此，中下坡土壤深厚肥沃的缓坡地优先发展了雷竹；而高节竹虽然是笋味美，产量高的优良笋用竹种，但出笋迟，价格低，因此，在立地土壤条件一般的中上坡则发展种植高节竹。经过几十年的发展，临安丘陵菜竹林面积增了 30 万亩。其中丘陵高节竹林约发展增加到 8 万亩，占临安高节竹林面积的 60%(见彩图 3-3)。

三、 山地高节竹林

山地是指海拔在 500m 以上的高地，起伏很大，坡度陡峻，沟谷幽深，一般多呈脉络状分布。

临安山地资源非常丰富，但绝大部分山地不适合高节竹等笋用竹的发展，大部分山地海拔太高，交通不便，坡度太陡，土层浅薄。

山地高节竹林，一般适宜海拔高度在 500~800m，局部地块地势宜平缓，土层宜深厚肥沃(见彩图 3-4)。随着海拔的增加，气温下降，出笋延迟。利用这一特性，发展山地高节竹林，延迟出笋期，提高竹笋价格，提高经济效益。

山地高节竹林主要可以推广山地迟熟高效优质培育特色经营，如临安太湖源镇指南山村、高虹镇木公山村、天目山镇鲍家村等。临安这部分山地竹林面积有 1 万多亩。山地高节竹林具有较好的经济效益。另外山地高节竹林有较好土壤条件的也可以推广白笋覆土特色高效经营。

第二节 分类经营

几十年来，高节竹作为优良笋用竹种，积极发展种植，面积不断增加，通过试验研究与生产实践，形成了一般经营型、丰产经营型、高产经营型、特色经营型与特殊用途型等五个生产经营类型。在五个生产经营类型中，前三个经营类型，一般经营、丰产经营、高产经营，主要是在技术强度上进行分类，培育目标重点是产量；特色经营主要是在技术方法上进行分类归类，如覆盖提早出笋，开发利用鞭笋，利用山地高山温度延迟出笋或覆土提高竹笋品质，培育目标重点是效益；特殊用途经营类型，是按功能用途进行分类，主要是利用竹子的绿化美化生态景观功能，培育目标重点是社会生态效益。

在实际生产中，经营者可以根据各种立地条件及本身的经营能力，选择适宜的生产经营类型，实施分类经营。平地高节竹林有较好的立地条件，可以选择丰产或高产经营类型，推广早出覆盖技术或鞭笋生产技术特色经营。丘陵高节竹林，中上坡土壤浅薄的可选择一般经营类型，中下坡土壤深厚的可选择丰产或高产经营类型，推广早出、鞭笋、白笋生产特色经营；山地高节竹林，应选择丰产或高产经营类型，推广应用迟熟或白笋生产特色经营。高节竹鞭根发达，对平地、丘陵、山地等不同的立地条件具有较强的适应性，同时在分类经营上，可以采用一般经营、丰产经营、高产经营等不同强度的经营，一般特色经营大多为丰产高产竹林，从竹笋产量角度可以摄归在丰产、高产经营类型中，生态、景观特殊用途经营，一般注重生态效益，产量较低，可以归纳在一般经营类型中。

1. 一般经营型

一般经营型(见彩图 3-5)，其经营目标为亩产竹笋 500kg 左右。立地类型为丘陵高节竹林，立地条件较差或一般，且大多为土壤瘠薄的山冈，坡度大于 25°，土层 20~30cm。在生产经营管理技术上，进行母竹留养与老竹更新，竹笋采收。一般不松土，不施肥或少量施肥，采用粗放管理的经营模式。

2. 丰产经营型

丰产经营类型(见彩图 3-6)，其经营目标为亩产竹笋 500~

1000kg。立地类型为平地竹林或丘陵竹林，立地条件中等，土壤肥力中等。坡度在15~25°，土层30~50cm，在生产经营管理技术上，一年施肥1~2次，施肥量按丰产目标要求；进行竹园清理，母竹留养、老竹更新，竹林结构基本合理；积极进行竹笋采收，并采用一系列丰产经营技术。

3. 高产经营型

高产经营型(见彩图3-7)，其经营目标为亩产竹笋1000kg以上。立地类型为平地竹林或丘陵竹林，具有较好的立地条件，土壤疏松肥沃，土层深度大于50cm，交通方便。在生产经营技术上进行科学施肥，一年施肥3~4次，施肥量与施肥技术按高产目标要求；采用垦复松土，科学采笋、合理留母、老竹更新、水分管理、病虫防治等一系列高产经营技术。

4. 特色经营型

特色经营型，其经营目标为竹笋亩产值5000元以上。立地类型为平地竹林、丘陵竹林或山地竹林，具有很好的立地条件，土壤疏松肥沃，土层深度在80cm以上，有较好的水肥供应条件，交通方便。在生产经营技术上，平地竹林或丘陵竹林采用夏笋冬出覆盖技术、鞭笋覆盖技术或白笋覆土技术等高产高效经营技术；山地竹林采用延迟出笋或白笋覆土高产高效经营技术。

5. 特殊用途型

特殊用途型(见彩图3-8)，其经营目标主要为生态效益。在城市公园竹林主要为绿色生态景观，充分发挥竹子的观赏功能；在河谷两岸，主要发挥竹子的防护作用：防洪，保护堤坝，减少洪水的危害，防风，降低风速，减少台风对农作物危害；在江河两岸、库区源头，主要发挥竹林水源涵养的功能作用。此外高节竹林也可进行碳汇林建设，具有较强固碳功能。

高节竹林的分类经营必须按照可持续生态高效经营理念，贯彻到整个生产过程中，从开始造林种植前就应该规划好，根据立地条件的类型，土壤的深浅、肥力，海拔高低与坡度的大小，以及经营规模，生产能力等来确定生产经营类型。在实际生产过程中，因地制宜，分类经营，充分发挥高节竹林的经济、社会、生态三大效益。高节竹经营的环境是优美生态的，竹笋产品是优质安全的，竹笋产量与效益是高产高效的，这样就能够使高节竹林的生态高效经营得到有效和谐的发展。

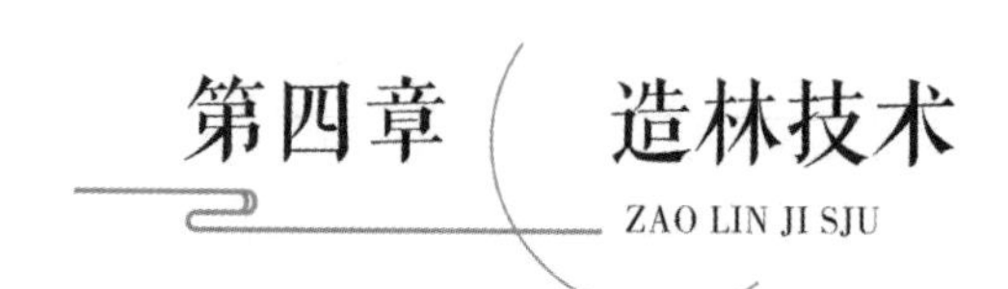

第四章 造林技术

ZAO LIN JI SJU

在造林培育整个生产过程中，始终都要贯彻高节竹的分类经营与生态经营的思想理念，根据各种不同的立地条件，平地丘陵，远山近山，上坡下坡，进行科学地规划，各种经营类型合理布局。

第一节 造林地选择

造林地的选择，从生态学与生物学特性首先考虑的是该地区的气候、土壤、地形等条件，是否适宜高节竹的生长。造林的目的是为了获取高节竹笋及竹材产品，产品转化为商品，获得经济效益的同时还要考虑销售市场、交通运输、经营规模、产品的质量与加工等，以提高竹林的综合效益。

对一些特殊用途的造林，如营造生态林、防护林、水土涵养林、景观林等，则气候、土壤、地形、交通等条件都可以适当放宽。

一、 气候条件

新引种地区种植高节竹，首先应考虑本地区的气候是否适宜于高节竹生长，与原产地的气候条件是否相似。高节竹原产地的气候特点是：年降水量 1250～1600mm，年均气温 15.4℃，1 月平均气温 3.2℃，极端最低温 -13.3℃；7 月平均气温 29.9℃，极端高温 40.2℃；全年大于 10℃的活动积温为 5100℃左右，持续 230～233 天；年无霜期 235 天左右，年日照 1850～1950 小时。此外，在高节竹的出笋期、长鞭期及笋芽分化期应有较丰富的降水，有明显的春雨期、梅雨期和秋雨期，与这些气候条件相同或相近的地区都可以考虑引种发展。

从生物学特性来说，高节竹接近于毛竹，因此，有毛竹分布生长的地区，气候条件大致适宜高节竹的生长。从 1998 年开始，浙江省杭州市临安区对口帮扶四川省南充市西充县，多次长距离从临安引种高节竹到西充，取得了引种成功。西充虽然年降水不充沛但空气湿度大，引种后高节竹的生长比雷竹生长表现更好。

二、 土壤条件

不同的土壤类型及土壤深浅、养分含量、透水性、透气性等土壤条件直接影响高节竹的造林质量和竹笋产量。种植高节竹一般要求土壤疏松、透气、肥沃，以土层深厚、透气，保水性能良好的乌砂土、砂质壤土为好。普通红壤、黄壤也适宜栽培。土层深度要求 30cm 以上，pH4.5~7.0，以微酸性或中性为宜。对于盐碱土、石灰性土或土地贫瘠浅薄、石砾过多，土壤过于黏重，透气透水性能差的地块均不宜作为丰产高产竹林的造林地。

三、 地形条件

高节竹适应性强，一般丰产自然栽培的造林地在海拔 800m 以下，坡度 25°以下。高产栽培，夏笋冬出栽培，则宜选择在海拔 250m 以下，坡度 15°的低丘缓坡地或不积水的农田。坡位以中下坡为好，林地周围要有充足水源可利用。高山风口、低洼积水及地下水位高的地方不宜栽培。为延迟出笋期，提高竹林的经济效益，也可以选择在海拔 600~800m 左右的山地进行种植(见彩图 4-1)。

第二节 整地

整地可以疏松土壤，改善土壤物理性状，改善土壤的水、肥、气、热等条件。因此，整地质量的好坏直接影响到造林质量的高低和成林的速度。

一、 整地方法

整地的方法可分为全垦、带状和块状三种。在生产中，根据立地类型，在山麓平地，坡度 15°以下，土壤深厚的，可规划实施高产经营，一般采用全垦整地，即对造林地进行全面的复垦深翻，深度50~

80cm，有条件的可用挖掘机进行。在平地或农田，地下水位高、土地黏重的，竹林地面积大、易积水的竹林地宜开沟做畦，每隔10m开一条沟，沟的深宽度可以30cm×30cm，大的主沟宜深宽，可60cm×60cm。在中上坡，坡度较大，土层稍浅的造林地，可规划丰产经营或自然经营，为有利于水土保持，可采用带状或块状整地，深度30～40cm。一般高节竹造林密度为每亩80～100株，穴的大小可采用长60cm，宽40cm，深40cm，也可根据竹蔸大小进行挖穴。在山坡地挖种植穴，其穴的长边应左右横向挖掘，不宜上下纵向挖掘，挖穴时应把疏松肥沃的表土放置在穴的一侧。

二、 整地时间

丘陵山地往往有杂草灌木树林，对于有灌木树林的荒山丘陵山地，整地时间应提前半年进行，一般春季、梅雨季种竹应在上年秋冬季进行整地，秋冬种竹应在上半年春夏时就进行整地，但在熟地、园地、农田的造林地上，可以提前一个月进行整地或一边整地一边种植造林。

第三节　造林季节

有关竹子种植的季节，我国在历史上有不少记载，在宋代，赞宁的《笋谱》中记载："种竹无时，雨后便移"。认为一年四季都可以种竹，只要在种竹时有充足的降水就可以了。近些年来，生产和研究单位进行了一年四季种竹的试验，取得了成功，认为一年四季都可以种竹。但一年四季种竹，其造林成活率不同，付出的劳动力不同，成林的速度也不相同。选择适宜的造林季节，掌握不同季节造林技术方法，可以起到理想的效果，既可以省工省力又可以提高成活率。

长期以来，传统竹子的造林一般在春季进行，通过近几年来大量种竹的生产实践及试验研究，对竹子的生物学特性有了进一步的认识了解，除炎热高温干旱的"三伏天"季节和低温冰冻雨雪的"三九天"时间外，其他时间基本都可以种竹。

一、 春季种竹

“正月种竹”是我国南方地区人们种植散生竹的传统经验。农历正月即是2月，高节竹等散生竹正是孕笋期，从竹子的生理活动来看，笋芽从休眠状态开始转向活动，母竹和地下鞭已为笋芽生长积累贮存了一定的营养，竹子生理活动趋向活跃，笋芽开始萌动。高节竹的出笋期一般在4月下旬至5月下旬，2月种竹后，经过2~3个月的适应，当年就能出笋成竹，所以高节竹比出笋早的雷竹较适宜春季种竹。

春季种竹的优点是：气候温度适宜，雨水增多，成活率高。缺点是：春笋将出土，种竹后，根未扎好，地下鞭根不扎实。在适宜的气温与水分条件下，母竹马上出笋，然后抽枝展叶。这种快速生长，消耗了母竹贮存的营养，使竹林的地上部分生长快，地下部分竹鞭的生长相对滞后，总体成林的速度并不快。

春季种竹要领是：控制地上部分的生长，促进地下部分的生长。春季种竹，对于当年春季立即出土的竹笋，可以不留，留则宜少。因当年出土的竹笋离母竹很近，没有必要进行留养；新竹留养后，消耗了母竹贮存不多的养分，使地下鞭生长养分不足，发鞭成林的速度反而减慢。

二、 梅季种竹

夏季黄梅成熟，所以称为梅季；梅季的气候特点是温度高湿度大，在一年中是降水最多时期，也是相对湿度最高的季节，因高温高湿，东西容易发霉，所以又称为霉季。在生产实践中，在梅季通过带鞭土移笋，或带土移新母竹造林，都获得了成功。在300年前明代徐石麒在《花傭月令》中有“五月十三”“竹生日”的说法，说在“竹生日”这一天种竹无不成活。在明代王象晋《群芳谱·竹谱》中也有记载，最好的种竹季节在“旧笋已成竹，新根未行时”，而这个季节正是梅季。古人认为梅季种竹效果好，大多为小面积就地移栽，因此在生产实践中，梅季大面积远距离引种并不是特别适宜。

梅季种竹的优点是：竹子生长活跃，种后能立即发鞭，而且发鞭成林速度快。缺点是：梅季时间短，气温高，常有短梅、空梅。梅季过后，马上进入伏天，竹林易受干旱。

梅季种竹要领是：梅季时间有长有短，也有空梅，应根据气象预测择机进行。在入梅前的5月下旬，有一段时间，雨水较多，称为梅汛期，从这个时候就可以开始种竹。梅季种竹在时间上应选择在入梅前后进行，不能等到快出梅时再进行种植；梅季气温逐渐升高，以近距离小面积引种较为适宜；梅季造林高节竹宜采用上年的母竹为好，当年新竹太嫩，即使到7月初，挖掘、运输母竹，还是极易损伤折断。母竹挖掘时宜多带宿土，栽后要加强水分管理，以提高成活率。

三、 秋季种竹

秋季9月以后的气候是气温逐渐下降，热欲去，寒欲来之际，是冷锋南下和台风雨季、雨日较多，有“秋雨潇潇”之说。秋季9月以后地面蒸发减少，土地较为湿润，有利于新种母竹的成活。从竹子的生理活动和生长特性来说，秋季9~10月新竹的内含物已相当充实，木质化程度加强，叶色浓绿，地下竹鞭仍在继续生长，笋芽开始分化，积累了较丰富的营养。

秋季种竹优点是：母竹积累了丰富的养分，栽后能立即发鞭，可以采用当年新竹作母竹，种源丰富。缺点是：前期温度尚高，有台风的危害。

秋季种竹要领是：选择在秋末雨季进行，可以采用当年的新竹种进行造林。种后应打桩固定，竖好防风架，防止台风危害。南方偏南地区，秋季气温较高，可以选择在冬季初冬种植。

四、 冬季种竹

农历十月即冬季11月，有一段时间降水较多，气候回暖，好像春天，因此被人们称为“十月小阳春”。冬季11月风速较低，蒸发量不大，降水量与蒸发量基本平衡，气温虽然比春季2月高，但其趋势是逐渐下降；这时竹子处于半休眠状态，生理活动减弱，鞭根已贮藏了较多的养分，竹子生长缓慢，养分、水分消耗少，此时栽种母竹，土壤温度适宜，有利于新母竹鞭根伤口的愈合，有利于母竹的成活，同时母竹种后在新的环境里有几个月的适应过程，鞭根扎实，开春后就能出笋，抽枝放叶，初冬11月种竹有较高的成活率。

冬季种竹优点是：有充裕的准备时间，有丰富的竹种资源。缺点是：处于半休眠状态，栽后不长鞭，要待来年再生长。

冬季种竹要领是：宜在冬初 11 月进行，种后应加强保护，适当增施有机肥，防止冻害和大雪危害。

第四节 母竹选取

一、 母竹选择

高节竹造林，主要采用移母竹造林。选择 1~2 年生，竹鞭黄亮，鞭芽饱满，鞭根多，竹秆节间匀称，分枝较低，无病虫害，无开花枝，胸径 3~4cm，生长健壮的竹子作为母竹(见彩图 4-2)。

首先选择年轻的竹林。老竹林往往密度大，分枝高，竹株高，符合质量要求的母竹少。一般在年轻新发竹林中或林缘挖掘的母竹质量好。选择这类母竹一方面是容易挖掘，另一重要方面是这类母竹光照充足，一般分枝低，新竹连新鞭，移植后成活率高。

不宜在高产竹林中选择母竹。高产竹林往往土壤疏松，不易带土，母竹高大，枝叶繁茂，叶片浓密，种植成活率反而不高。因此母竹选择应在一般经营的竹林中，其土层不深，竹鞭分布浅，母竹容易挖掘，容易带土，粗度适中，叶片稀少，移植成活率相对更高。出笋有大小年的竹林，宜选择小年竹林的竹子作为母竹，小年竹林母竹比枝叶浓密的大年竹林母竹更好更适宜。

二、 母竹挖掘

在母竹挖掘前先要判断来鞭和去鞭的方向。一般母竹最下一盘枝条伸展的方向与竹鞭的方向大致平行。挖掘时先在离母竹基部 30~40cm 的地方，用锄轻轻挖开土层，找到竹鞭，并按要求的长度截断竹鞭。来鞭保留 10~15cm，去鞭 20~25cm，截鞭时面对母竹锄口向外，注意切口平滑和保护鞭芽，然后沿竹鞭平行两侧挖起母竹，切忌摇扳，以免损伤和扭断母竹与竹鞭的连接点而影响成活率。母竹应尽量多带宿土，一般每株带土 10kg 左右(见彩图 4-3)。母竹挖起后应立即斩梢，留枝 5~7 档。

三、母竹运输

母竹在整个运输过程中，要尽量缩短途中的运输时间，并在装卸竹苗过程中，要十分注意保护鞭芽与“螺丝钉”(秆柄)。短距离搬运母竹，不必包扎。长距离运输，母竹需要包扎，小心装车，装好后，最好在母竹的基部覆盖湿稻草，并一定要盖上篷布，避免风吹，用箱式车装运更好，以降低水发蒸发，确保母竹成活(见彩图 4-4)。

第五节 母竹栽种

根据近几年来种植经验，母竹成活率的高低与立地条件、气候条件、母竹质量及栽种技术有关。母竹栽种按照高产经营竹林标准进行种植，在技术上应注意以下六个方面。

一、四季种竹雨后移

四季种竹中的“四季”是指春季 2 月，“梅季” 6 月，秋季 9 ~ 10 月及冬季 11 月，在这个四季中，高节竹等大部分散生竹均可以种竹，并以春季 2 月与冬季 11 月为好。注意避开高温干旱与低温冰冻二个时节，选择气温适宜，降水较多的季节，雨后进行移植。每年各季降水多少，时间早迟常有变化，在特殊年份有可能会出现干旱的现象，如在梅季，一般是全年降水最多的月份，但也会出现“短梅”和“空梅”的现象；短梅即梅季时间很短，空梅即不做梅，也会出现入梅迟或提早出梅的情况。因此，即使在适宜的季节进行种竹，也应根据天气趋势，根据实际的气象情况，选择适宜的时机进行种植。

二、穴大底平宜浅栽

穴大底平主要对于未进行全垦整地的造林地，应根据标准进行挖掘，穴略大，穴底要平，因为母竹根盘呈扁平形，如果穴底像锅形，母竹的根盘与穴底容易形成空隙，使鞭根枯萎而影响母竹的成活率；而采用全垦整地的造林地，或疏松肥沃园地，对穴的形状大小可以放宽。种植时，根据母竹根盘的大小，对种植穴进行修整，回填表土，做到穴大底平，提高母竹种植的成活率。此外种竹时不宜过深，一般以竹鞭在土中20~25cm为好，可比在原来竹林中的入土深度深3~5cm。竹子的生长点在鞭芽上，鞭根、鞭芽都需要呼吸，需要氧气，因此不宜栽得过深；栽种过深，因竹鞭在土中得不到足够的氧气而引起烂芽、烂鞭，母竹栽后，看似成活，但长期不发鞭不出笋，导致造林失败。特别是平地、土壤黏性的、地下水位较高的更宜浅栽，而在山坡地，土壤疏松砂性的，栽时可略深(图4-5)。

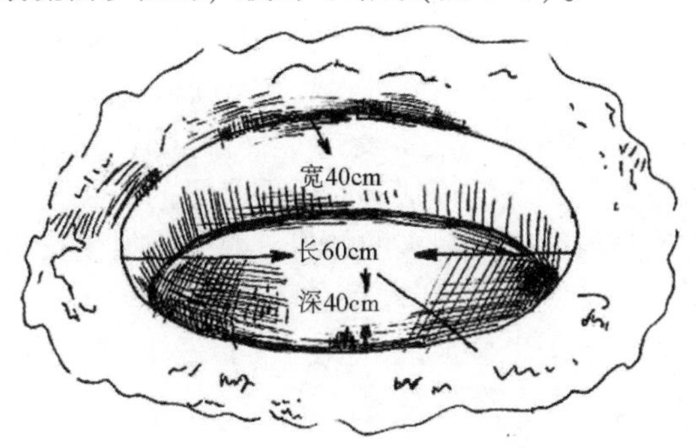

图4-5　母竹栽种挖穴示意图

三、注意鞭向鞭要平

母竹的地下竹鞭，分来鞭与去鞭。母竹栽种后，一般去鞭的方向发鞭快，发鞭多，来鞭的方向发鞭慢，很少发鞭；去鞭与来鞭所发的子鞭，其大致的方向在去鞭的方向两侧展开。所以在种植时，母竹的去鞭方向应留有发鞭的余地，两株母竹去鞭的方向可以相同，但不宜相对或相背；如相背种植，即母竹与母竹来鞭对来鞭种植，就会出现较长时间的空堂，稀稀落落，影响成林的速度，降低土地利用率；如相对种植，即去鞭对去鞭，则往往会提早郁闭成林。

栽种母竹时，还要注意尽量使竹鞭平直，鞭根自然舒展，这样有利于母竹竹鞭的生长，加快发鞭的速度，提早成林。在一般情况下，母竹与竹鞭垂直，种植时母竹直立，竹鞭水平；但在母竹与竹鞭不垂直时，竹鞭一定要种平，而母竹竹秆则可以歪斜，不强求直立。种竹与种树不同，母竹栽后，竹秆既不长高，也不增粗，竹秆只是“竹树”的分枝，利用几年以后就要进行更新，所以不能为了使母竹直立种植，而使竹鞭一头翘起。

四、 适当施肥早成林

为促进竹林提早成林，种植时可适当进行施肥(见彩图 4-6)，一般在挖好穴后，在穴底可施少量的腐熟的有机肥即可，不宜过多，每个穴可施入腐熟的农家肥 10~15kg，施肥后摊平，然后再覆盖 5~10cm 的表土，再种植母竹；或每穴施钙镁磷肥 250g，种植时与土拌匀，然后种植。也可以在栽种母竹覆土 2/3 时浇施液体肥料或淡水粪，每株母竹 5~10kg，既补充养分，又增加湿度，促进鞭土密接，增强抗旱能力。新造竹林，鞭根受损，生长量不大，所需养分不多，所以不需使用过多的肥料，特别不宜使用大量的未腐熟的厩肥，过多的有机肥，在发酵时会产生较多的热量，对竹鞭根生长不利，而且在有机肥腐熟后体积缩小，在母竹根盘下就会形成空隙，影响母竹成活。由于竹子的地下鞭生长很快，横走地下，所以新造林施肥应从少到多，逐年增加，培肥整个竹林地。

五、 鞭土密接需浇水

种竹时要特别注意根盘下部要实，不留空隙，回填表土，分层踏实，使鞭与土密接，下紧上松；回填表土 70%时，应每株浇水 15kg(见彩图 4-7)，最后上盖松土，培成馒头型，固定母竹，减少水分蒸发；栽种时不可用锄头敲打，以免损伤鞭芽。种时宜晴天种植，栽后如连续 5~7 天的晴天，应浇水一次；浇水后如继续天晴，土壤干燥，竹叶失水，需再进行浇水，保持土壤湿润；如栽后连续 5~7 天的阴雨天气，一般就不需要再进行浇水。

六、 高大母竹须打桩

由于母竹栽种较浅，特别是高大的母竹，为防止风吹摇晃及风倒，须设置防风架，打木桩固定母竹(见彩图 4-8)。

对防护林、生态林以及一般的自然经营竹林，在造林质量技术要求上，可适当降低标准要求。

第五章 幼林管护与成林培育

YOU LIN GUAN HU YU CHENG LIN PEI YU

第一节 幼林管护

母竹新栽后，管护的重点是水分，如何保持竹株体内的“水分平衡”使母竹成活，这是关键重点。新栽种的竹子刚从竹林中分离出来，竹株的根系损伤很大，移植到新的环境中，对水分吸收能力较弱，所以重点要加强水分管理，进行浇水保湿。在新造林的第一年，竹株主要是对环境的适应，恢复生机；这时竹株生长缓慢，对养分需求量不大，抽鞭发笋的能力还很弱，施肥量不宜过多；这时竹林的主要管护是松土锄草，水分管理，竹林保护。经过2~3年的生长发展，竹林密度增加，竹林抽鞭发笋能力增强，竹株对养分、水分的需求增加，这时竹林应加强松土锄草，水肥管理，增加施肥量，增加母竹的留养数量。在幼林郁闭成林阶段，竹林对光照、养分、水分的竞争已占主导地位，形成以竹为主的植物群落。以下幼林的管护措施为高产经营竹林的技术要求，一般丰产经营竹林或自然经营竹林可酌情降低要求。

一、 水分管理

母竹栽后的第一个月对水分的管理非常重要，由于母竹的鞭根受损严重，吸收水分的能力很弱，因此造林后，如遇连续晴天，土壤干燥，应5~7天进行浇水一次。栽种后的第1年，第2年，夏秋季如遇高温干旱，土壤缺水，竹叶失水，也需要进行浇水，而且要一次浇透浇足，不宜少量多次，进行浇水后，可用杂草等进行覆盖保湿，以减少水分蒸发，保持土壤的湿度。而在梅雨季节，地下水位高的平地及低洼竹林地，应开好排水沟，及时排水，以防林地积水烂鞭，影响竹林成林。

二、 进行补植

母竹栽后，因干旱、台风、冰雪等自然灾害天气或母竹质量及栽种技术等多种原因，部分母竹会干枯死亡，应及时进行补植。有一部分竹株应干旱缺水或低温冰冻出现竹叶枯黄或提早落叶现象，如果枝条青色并有枝芽，这是母竹自我调节内部水分平衡的“假死”现象，这并不是竹株真的枯死，来年枝条会长出新叶，地下鞭还会长出小笋，因此“假死”母竹应保留，要确定母竹真的死亡后再进行补植。另外新造竹林会出现一种“假活”现象，部分母竹栽种后，看上去已经成活，而且竹叶长得特别浓绿茂盛，这部分母竹其实存在问题，其主要原因是没有地下鞭，所以母竹栽后不管“活”几年，永远不会长鞭出笋。如果握住母竹竹秆摇一摇，还会发现母竹长的不扎实，很容易摇倒拔起，因此对“假活”的母竹要提早进行处理补植。

三、 松土除草

新造竹林，土壤疏松，光照充足，密度稀疏，竹林地容易滋生杂草，影响母竹的生长。通过松土，可以清除杂草，疏松土壤，减少水分蒸发，有利于母竹对水分和养分的吸收，促进地下鞭的生长。一般新造林每年可进行 2 次松土除草，第一次 6 月，宜深挖松土，深 25cm 左右，特别是鞭根外围四周宜深翻，促进新鞭向外发展，第二次 9 月可浅翻松土，深 15cm 左右，竹林松土时应注意保护竹鞭和鞭芽，可以采用二齿或四齿铁耙。松土一般与施肥结合进行，先撒入肥料后再进行松土，将肥料翻施入土中，促进竹林生长，提早成林。

四、 合理施肥

新造竹林每年出笋长鞭，随立竹量的增加，对养分的需求也相应增加，为满足竹林生长的需求，应逐年增加施肥量。合理施肥可以促进地下鞭的生长，提高竹笋质量，提高成竹率，提早成林投产，增加竹笋产量。一般新造竹林每年进行 2 次施肥，结合松土进行，时间分别在 6 月与9 月。新造林第一年，母竹需要的养分比较少，栽后 3 个月可进行第一次肥，每株母竹可施竹笋专用复合肥 50~100g，化肥应均匀撒施，也可冲水浇施，浓度宜淡不宜浓；栽种半年后进行第二次施肥，施肥量适当增加。第二年施肥量可比第一年增加一倍，全年每亩可施竹笋专用复合肥40~60kg;第三年施肥量再加倍；第四年施肥按成林标准。新造林宜多施有机肥，改良土壤。

五、 留养母竹

在幼林阶段，新竹留养不要距离母竹太近，宜 50cm 以上；也不宜留养过多过密，一株母竹每年在 $1m^2$ 内留养新竹 1 株即可。新竹留养的作用是促进地下鞭快速向外生长，使新造林有一定数量母竹，均匀分布全林地，快速成林。一般在春季 2 月种竹，当年就会有一部分母竹出笋，所出的竹笋离母竹都较近，而且比较细小，因为都是母竹老鞭上的笋芽。春季种竹如果进行新竹留养，会消耗母竹贮存的养分，使竹林地上部分生长快，地下部分生长慢，影响了新鞭的生长。高节竹等竹子造林，关键是通过地下鞭的生长，促进竹林提早成林。春季 2 月种竹不久，就开始出笋留养母竹，所留母竹作用不大，因此春季种竹当年可以不留养母竹。梅季、秋季及冬季种植，需要到第二年才能发笋。梅季种竹，由于种植早，发鞭早，管理好的竹园第二年在新鞭上就能出笋，所以梅季种竹，每株母竹可留养 1~2 株；秋季种竹，能长一段新鞭，冬季种竹，一般不长新鞭；秋、冬季种竹，第二年出笋成竹，也都只能利用母鞭上的芽，秋季种竹虽长出了新鞭，但新鞭幼嫩也不能长笋。无论种植多好，不管出笋多少，都不宜过多留养，可及时挖去；不宜将所出的竹笋都进行留养，一般每株母竹留养 1 株健壮的笋培育新母竹，一般留远挖近，留壮挖小，提高了母竹留养的质量，合理竹林结构，不使竹林密集成丛(见彩图 5-1)。

在幼林阶段，每年都应采用疏笋方法积极进行疏笋，逐年增加留养数量，控制好竹林密度。疏笋的方法是挖去离母竹太近的笋，挖去生长细弱的笋，挖去生长过密的笋，留养离母竹远的笋，留养生长健壮的笋，留养在空隙处生长的笋。

六、 间作套种

一般高节竹新造竹林密度为每亩 80 ~ 100 株，因竹林密度稀疏，

前 2 年都可以进行套种农作物。套种农作物可以提高土地利用率，防止杂草滋生，减少水土流失，以耕代抚，以短养长；通过农作套种，不仅增加了新造竹林地短期的经济收入，而且可以促进竹林的生长，促进竹林提早成林投产。竹林套种农作物应以竹为主，同时还要考虑到土壤的立地条件、人力物力及经济效益。在交通方便，土壤肥沃、劳力充裕的情况下，可以间作套种经济效益较高的西瓜、药材等作物；在交通不便、土地肥力差、劳力紧张的地区，可以套种豆科等农作物或套种绿肥，以改善地力；不宜套种高秆玉米及丝瓜等藤蔓农作物；禁止种植对竹子生长有影响的芝麻。竹园间作套种农作物要控制密度，不宜太密，与母竹之间应保持一定的距离，使套种的农作物不与母竹争夺养分、水分，不影响竹林生长；在间作套种过程中，要加强抚育管理，保护好母竹，增施农家肥料，促进地下鞭芽生长，在收获农作物时，秸秆宜归还竹林，以增加土壤肥力。

七、 竹林保护

母竹栽后，在未郁闭成林前这段时间，竹林的保护主要做好以下几方面工作：首先是在种竹当年，应禁止牛羊等牲畜入内；第二是要十分注意防止野猪、竹鼠等野兽的为害；第三是要做好病虫害的防治工作，特别是食笋害虫和食叶害虫；第四要注意预防洪水、台风、大雪等自然灾害，如新竹留养后，应进行钩梢，可留枝 12 档左右，以减少台风、大雪的危害，如遇洪水大雨冲刷，鞭根裸露，要及时进行扶正、培土，加强竹林保护，促进竹林生长。

第二节 高产林培育

高节竹高产林培育技术主要有土壤管理、养分管理、水分管理、竹笋采收、母竹留养、采伐更新、病虫害防治等 7 个方面，病虫害防治在第七章中专门介绍。

一、 土壤管理

土壤管理的作用就是要改善土壤物理性状，改善土壤的供肥供水能力。土壤管理主要采用松土除草、施肥加土等措施。竹林成林后，随着竹林多年的生长，地下老鞭老蔸越来越多，竹鞭越来越浅，鞭细毛根密被地表，土壤板结，透气性能变差。严重影响地下竹鞭的生长，竹笋产量也随之下降。为促进竹林持续丰产高产，竹林应每年进行松土。竹林地是竹子生长的基础，林地管理的好坏，土壤是否疏松，直接影响竹林地下鞭根的生长，影响竹子养分、水分的吸收，影响竹笋的产量。松土可以疏松土壤，清除杂草，增加土壤的孔隙度，提高透气性，改善土壤物理性状，促进竹林的生长，提高竹笋的产量与效益。

竹子为多年生浅根性植物，特别是高节竹等哺鸡类竹种，成林后竹鞭上浮的速度很快，竹鞭、鞭根密布地表，不松土则土壤板结，垦复深翻松土则对鞭根造成一定程度的损伤，因此作为松土，不必过多，一年 1 次即可。松土时间宜在 6 月份，深翻松土时，深度在 20~25cm，深翻时应挖去老鞭与竹蔸，对于分布较浅或露出地表的年轻竹鞭、壮龄竹鞭，应尽量保护好。6 月份是高节竹林一个新的生长周期的开始，这时新竹已长成，新鞭未行时，6 月进行深翻垦复松土对竹鞭根的损伤较少。丰产高产经营竹林每年都要进行 2~4 次施肥，为了提高施肥的效果，需要将肥料浅翻入土，浅翻的主要目的不是为了松土而是为了进行将肥料施入土中(见彩图 5-2，彩图 5-3)。

松土施肥虽然可以改善土壤，使土壤疏松透气，但随着竹林的老化，竹林仍然难以改变竹鞭上浮的趋势，因此对于老竹园最好的办法是加客土。一般可 2~4 年加一次客土，加土时间以冬季 10~11 月进行为好，可与施有机肥结合进行；一次加土以 5~10cm 为宜。加客土应因地制宜，就地取材，安全无污染，土壤砂性重的竹林可加黏性土，黄红壤等黏性重的竹林可加砂性土。

二、 养分管理

一般 1 亩丰产高产笋用竹林，每年从竹林中产出竹笋和竹材 1000~2000kg，这些竹笋竹材就需要消耗土地中大量的养分，当土壤中养分不足，竹笋与竹材产量就会下降。为使竹林持续丰产高产，就必须对竹林进行施肥，补充土壤中的养分。竹林生长最主要的三大营养元素是氮、磷、钾，其次还有硅、钙、镁、硫、铁等中微量元素。竹林生长需要量最大的是氮、磷、钾三元素，在土壤中常常不足，因此施肥主要是增施氮、磷、钾；此外增施硅肥对提高竹笋产量也有明显的效果（见彩图5-4）。为了精准加强土壤养分管理，应采用测土配方施肥，对土壤养分进行检测，配制竹笋专用肥，确定竹林目标产量，进行科学施肥，使土壤养分平衡。

1. 施肥技术“四看”

现代科学施肥技术就是要“四看”，即看竹、看土、看肥、看天。根据测土进行配方施肥，平衡施肥。

看竹：观察竹林的生长情况，根据竹林成林分类经营要求，按照竹林经营目标产量进行施肥。

看土：观察土壤的质地，砂土还是黏土，了解土壤肥力情况，进行测土，根据土壤养分元素含量，有机质情况及酸碱性进行施肥。

看肥：了解各类肥料的营养成分与优缺点及所起的主要作用，根据土壤与竹林生长情况，选择合适肥料，进行配方施肥。

看天：观察施肥时节的气候、温度及天气情况，根据竹林的生物学特性与肥料特性进行施肥。

2. 肥料选择

好的肥料是养分全面、适合作物生长要求的，往往需要几种肥料来配合使用，如化肥与有机肥、微生物菌肥等配合使用，不单一使用化肥。化肥应选择基于测土配方的竹笋专用肥，氮、磷、钾营养元素合理配比，可采用3∶1∶2、4∶1∶2或5∶1∶2，并配有硅、钙、镁、硼等中微量元素。并增施有机肥增加有机质，增施生物菌肥使土壤微生物合理平衡。

笋用竹林的竹笋生长，以营养生长为主，氮、磷、钾的比例可采用4∶1∶2。氮是细胞中蛋白质的主要成分，还是叶绿素、酶的组成元素之一，增施氮肥，能促进竹笋粗壮，增加单株笋重，增产效果明显，所以笋前施肥，以氮为主；磷是核酸、核蛋白、磷脂的主要成分，增施磷肥能促进根系生长，促进笋芽分化，增加竹笋株数，提高竹笋产量，因此磷肥在笋芽分化前施入效果明显；钾是多种酶的活化剂，促进光合作用，参与能量的代谢，提高氮的吸收利用，增施钾肥可以增强竹株抗性，提高竹笋产量，改善竹笋产品质量。

3. 四次施肥法

在一年中，高节竹的生长分为长笋期、长鞭期、笋芽分化期与孕笋期等 4 个生长期，根据高节竹 4 个不同的生长期，一年进行四次施肥，采用 4 种不同的施肥方法，称为“四次施肥法”。四次施肥法是按照高产经营竹林的要求来制订的，亩产竹笋 1500kg 的，可施氮（N）60kg，五氧化二磷（P_2O_5）15kg，氧化钾（K_2O）30kg；氮、磷、钾的比例为 4∶1∶2，化肥与有机肥结合使用。现介绍高节竹高产经营竹林四次施肥方法。

第 1 次施肥，在春季施“长笋肥”。在出笋前的 2~3 月份进行施肥，宜施以氮肥为主的速效肥，可施竹笋专用生物有机肥或尿素等。施肥量每亩施竹笋专用生物有机肥（氮、磷、钾的比例为 18∶4∶8）40kg 或施尿素 25kg，施肥方法可在雨后进行撒施，耙入土中。出笋前施肥可迅速增加单株笋重，提高产量，立竿见影，增产效果明显，而且施肥方法简单方便。

第 2 次施肥，在 6 月份夏季施“长鞭肥”。新竹长成后，竹林生长由地上部分生长转入地下部分生长，是竹林生长新周期的开始。由于在笋期大量挖掘竹笋以及新竹生长成林，老竹换叶，竹林内部积累的养分已大量消耗。因此 6 月份施肥最为重要，务必及时施肥。此时以施速效肥为主，以迅速补充竹林养分，恢复竹林生长，促进竹林提早行鞭、多发鞭。6 月施肥，宜氮、磷、钾三要素配合使用。施肥方法采用翻施，结合松土进行。每亩施竹笋专用有机生物肥 120kg，结合松土，深翻入土。

第 3 次施肥，在 8~9 月份秋季称为“催芽肥”。此时竹林已大量行鞭，并开始笋芽分化，此时多干旱天气，宜用低浓度液体肥或固体化肥加水。采用低浓度液体肥料进行泼施，既可减轻竹林的干旱程度，又便于竹林充分吸收，促进笋芽分化，且不损伤鞭根。8~9 月份不宜深翻松土，不宜施体积大的厩肥、堆肥等有机肥料。如果将厩肥、堆肥等深翻入土中，松土时则对地下鞭根有较大的损伤。9 月份经 7~8 月的新鞭生长，大量新鞭的根密布地表层，此时是鞭细毛根充分吸收养分、积累养分的重要时机。如深翻松土，会使大量的鞭细毛根被损伤、挖断，将影响养分的吸收和积累。同时竹林为生长恢复鞭细毛根需要消耗一定的养分，这将影响笋芽的分化。而且竹鞭的一级粗根、鞭芽等的生长都是一次性的，挖断后不会再生。因此 8~9 月份施肥不宜深翻施肥。如果将厩肥、堆肥等有机肥铺施在竹林地表，由于9~10月竹鞭还在继续生长，竹鞭具有趋肥趋松的特性，会使竹林引起翘鞭、浅鞭，对竹林生长不利。因此8~9月份施肥宜采用液体肥料泼施。可用每亩竹笋专用有机生物肥80kg，雨后撒施、浅耙入土或用相应的液体肥料等冲水进行浇施。

第4次施肥，在11~12月份施“孕笋肥”，此时由于外界气温逐渐下降，竹林生长缓慢趋于半休眠状态，此时施肥主要为来年地下竹笋生长提供养分，因此宜施厩肥等体积大的有机肥料，不需要腐熟。施肥方法采用铺施，将厩肥等有机肥料直接铺施在竹林地表，有条件可再加盖薄土；有机肥在腐熟过程中，产生热量，提高土温，对竹林生长有保暖作用，厩肥分解后，可为来年竹笋高产提供养分。第4次施肥的施肥量每亩可施猪、牛等厩肥3000kg。

4. 根据竹林立地类型与生产经营类型合理施肥

科学合理施肥应根据竹林立地类型与生产经营类型，不同的立地类型，施肥种类与施肥方法有所不同；不同的生产经营类型，是丰产经营还是高产经营，施肥的数量、次数、时间也有差别。要正确掌握不同的环境条件，不同的肥料与不同的方法，充分发挥肥料的作用，提高土壤肥力水平。施肥应根据生产的目标与竹林的生长情况进行，肥料应以有机肥、生物肥、化肥结合使用。

高产经营竹林在平地一年可进行4次施肥，按上述四次施肥法进行。在丘陵或山地，一年也可进行3次施肥，可以在春、夏、秋进行施肥，亦可在夏、秋、冬进行施肥。

一般丰产经营林，一年可施肥2次，在6月份每亩施竹笋专用生物有机肥60~100kg。在9~10月份，每亩施竹笋专用生物有机肥40~60kg。一年施肥1次的可在6月份进行，每亩施竹笋专用生物有机肥60~100kg。施肥方法可结合松土进行，均匀撒施，深翻入土或浅耙入土。

一般经营强度竹林，可一年进行1次施肥，在笋前2~3月或6月进行，每亩施尿素15kg或竹笋专用生物有机肥20~40kg，均匀撒施入土，亦可不进行施肥。

三、 水分管理

水是竹子的生命之源，在整个竹林生长过程中都离不开水，如果

缺少水分，笋芽分化难以进行，竹笋生长受阻，竹笋生产难以进行，竹林经营无法运转；竹笋的主要成分是水，在鲜笋中水分含量占90%左右，竹笋生长离不开水，如果缺少水分，竹子的光合作用难以进行，生物体内的代谢活动无法运转，所以水又是光合作用的原料。在我国南方高节竹自然分布区域，降水充沛，水分基本能满足竹林生命生长的需要，但要获得竹林的高产，也经常会出现水分过多或过少的现象。在8~9月笋芽分化期，如土壤干旱缺水，就会影响笋芽的分化，来年春夏出笋数量就会减少；在4~6月竹笋生长期，如果水分不足，土壤干旱，竹笋出土缓慢，竹笋个体变小，退笋数量增加，则影响竹笋的产量与质量。在新竹高生长时期，如果缺水，竹笋高生长受阻，竹笋梢头弯曲歪斜，如严重缺水的，则会引起竹笋萎缩死亡。因此，在高产经营的竹林，在笋芽分化期与出笋期，如果降水不足，土地干燥，必须进行浇水，浇水数量应根据干旱程度而定，以浇透为宜，一般每亩可浇水8~10t(见彩图5-5)。

竹子的生长需要大量的水分，喜欢有丰富降水的环境，喜欢湿润的土壤，但又怕积水，在低洼积水的农田生长不良。新造竹林在林地选择时就应考虑到造林地是否适宜种竹，是否会积水，是否地下水位偏高。特别是在梅雨季节，降水过多，久雨不晴，排水不畅，土壤积水，因土壤通气不良，地下竹鞭根系呼吸受阻，引起鞭根系统腐烂，鞭芽、笋芽窒息死亡。在地下水位高的竹林，特别平原地带土壤黏重的，往往竹鞭根系分布较浅，在雨季因水分过多，土壤积水，常常会使竹林生长不良或死亡。南方平原地区或农田种竹应开沟做畦，宽垅高床，中间高两边低，降低地下水位，并多开深沟，使排水通畅。

四、 竹笋采收

笋用林以产笋为主要目的，应积极挖笋、多挖笋。竹笋生长是竹林生长发育环节中的重要一环。竹笋既是生产的目标，又是竹林生长的基础，怎样挖笋，如何养好母竹是取得竹笋丰产的基础。

在地下竹鞭上有大量的笋芽，这些笋芽在竹笋出土时生长十分迅速，需要消耗大量的营养，而这些营养物质大部分贮存在地下鞭根系统中，在众多的笋芽中，绝大部分笋芽因营养不足而形成隐芽或退芽，竹林系统只优先供应一部分竹笋出土。在高产笋用林中，当竹笋不断采收后，其他笋芽则次第膨大、生长出土。从总体来说，一亩竹林地出笋数量可达上万株，也只有地下鞭芽数量的6%左右，所以高产笋用林，特别是早期笋，应积极采收。

竹林培育管理的好差对竹笋产量高低影响较大。浙江省临安区有高节竹亩产量达3800多千克记录，而培育管理差的低产竹林只有几百千克。培育管理好的竹林年年高产，年年出笋，没有大小年；培育管理差的竹林，一年产量高，一年产量低，竹笋大小年明显。在自然生长的竹林中，如一开始出笋就一株笋也不采挖，全部进行留养，一亩竹林地也只能养几百株竹笋成母竹，大部笋芽因营养不足，成为退笋。

五、 母竹留养

高产经营竹林的母竹留养要注意以下四个方面。

一是要每年基本均衡留养母竹。不要一年留一年不留；也不要随竹林一年出笋多，容易留，就留很多，另一年出笋少难留养，就不留或留得很少。这样就会使竹林形成大小年现象。

二是新竹的留养时间。以出笋高峰期稍后为好。在笋期必须处理好挖笋和留养的关系，既留好母竹又多产竹笋。母竹留养不宜过早或过迟，如竹林开始出笋不久，在早期就开始进行留养，则竹林积累的养分优先供应留养竹笋的生长，则留养母竹附近其他已分化的笋芽因营养不足而停滞生长并退笋，所以竹林一开始进行母竹留养，竹林出笋就会减少，过早留养母竹则影响竹笋的产量。如一直挖笋到末期才进行留养母竹，此时竹林贮存的养分已大量的消耗，末期留养竹笋，因营养不足，大多细小壁薄，易受病虫危害，退笋数量增加，成竹质量差，严重影响留养母竹的质量；而且该留的地方没有竹笋可留，使留养的母竹分布不均匀，结构也不合理。因此母竹留养应在出笋的盛期后进行，因为这时笋体肥壮，不是浅鞭竹笋，养成的母竹质量好。

三是母竹留养的数量。以每亩250株左右、母竹的胸径4~7cm、大小相对均匀为宜。胸径6cm以上的高大粗壮的母竹，每亩可留200株，胸径3~4cm的，每亩可留300株。不要大的胸径6~7cm，小的胸径2~3cm。

四是笋期的保护管理。在出笋季节要防止牛羊等牲畜进入林内，并注意鼠害、兽害及病虫害，保护好留养的母竹。

丰产经营竹林母竹的留养参照高产竹林适当降低要求。自然经营竹林根据经营要求进行留养(见彩图 5-6)。

六、 采伐更新

笋用高节竹林，老竹更新采伐的目的主要是调整竹林的结构，使年轻竹林结构占比合理，促进竹林生长(见彩图 5-7)。高节竹年年出笋，年年需要更新，采伐老竹收获的竹材，可增加竹林经营收益，每年竹材的产出可相当于一般的毛竹林。

立竹平均胸径为 5~6cm 的竹林，每亩的立竹量可控制在 800 株左右。土壤肥沃、母竹高大时密度可略小；土壤浅薄、母竹细小，密度可略大；笋用林可略小，笋竹二用的可略大。母竹保留 4 年，各年龄结构比例可以采用 3∶3∶3∶1，5 年生老竹原则上应全部砍去，特殊的可少量保留。一般 5 年生的老竹，所连竹鞭已 6~8 年，鞭上的鞭芽，大部分已经萌发，竹鞭及根系的生理活动大幅度下降，新竹留养后，7~11 月均可进行采伐。平地高产经营竹林，在 6 月下旬也可进行，结合松土，用凿或山锄连蔸挖除，丘陵山地竹林略迟。

高节竹竹材高大粗壮坚韧，常用作搭建蔬菜大棚，因此高节竹材的价格大多按照竹子长度，按根计价。大多高节竹林密度比较高，不进行钩梢，为笋材两用林。

高节竹的自然枝档数通常在 34~36 档。在生产实践中，平地竹林、笋材两用林，冬季雪压危害不大的地区，可不进行钩梢，但应加强竹林保护，防止风倒雪压。在山地沿海台风危害地区、多雪地区，也可进行钩梢。钩梢通常在 6 月份即新竹抽枝展叶后进行，钩梢后留枝档数以 15~20 档为宜。

七、 高节竹笋高产纪录与高产经营经验

据《临安竹讯》报道，吴龙福高节竹笋亩产再创全县最高纪录。板桥镇西村吴龙福，四分二厘高节竹，1986 年春笋又创全县最高纪录，四分二厘竹园产笋 1635kg，亩产 3892.9kg。1976 年为了防风，在房前屋后种了 6 支高节竹，1979 年开始投产，竹笋产量与收入逐年增加。1986 年创造了小面积亩产竹笋最高纪录，竹笋收入 1442.65 元，折

亩产值 3434. 90 元。高产经营经验主要有：

① 施肥加土。为了培育好竹林，增加竹笋产量，他在施肥和加土上下硬功夫。家里养了一头母猪，在每年春节过年前清理猪栏，把 5000kg 的猪粪肥，均匀铺放到竹园里，上盖同等数量的水库淤泥土。平时施入 20 多只鸡的粪肥与 1000kg 人粪。在挖笋期一个月，分别二次施用尿素、碳氨各 25kg，这样竹林有了足够的肥力。

② 及时除虫。根据竹螟、竹小蜂等害虫的发生情况。每年在 6 月初、7 月底，10 月进行 3 次除虫。

③ 养好母竹。在保持 400 多株立竹的基础上，年年留养新竹 100 株，淘汰老竹 1/4，使竹林年轻化。

④ 及时浇水。在 6、7 月份大旱的时候。要浇一次水。浇透为止，使土壤保持湿润。

第三节　低产低效林改造

除去景观林、水土保持林等特殊用途竹林外，我们希望高节竹林能实现高产高效。但实际上却经常出现低产低效林，需要进行低产低效林改造。

一、 低产低效竹林产生的原因

低产低效竹林形成主要有三方面原因。一是立地条件较差，土层浅薄、坡度较大、肥力不够等；二是管理粗放，竹林荒芜，竹林结构不合理，病虫为害严重；三是竹林老化，地下竹鞭上浮，老鞭交错、老竹林立、老蔸满地，土壤板结等。第一个是立地条件问题，第二个是经营管理问题，第三个既是竹林老化问题，也是前两个问题的综合性表现。

关于第一个立地条件问题，应采取分类经营措施。根据立地条件该粗放经营的竹林，就规划纳入粗放经营类型中。不应该把那些土层浅薄，坡度较大，只能粗放经营的竹林也按照高产经营要求进行改造。关于粗放经营，不是不管理任其自然荒芜，而是管理投入少，最有效的方法是调整竹林结构，合理留养母竹。如果立地条件中等，我们就可以按丰产经营类型来管理，按照丰产技术要求进行改造。如果立地条件较好，土壤疏松肥沃，就可以规划纳入高产经营类型，按照高产技术要求进行改造。

关于第二个经管管理问题，是由多种原因，包括交通条件、劳动力、规模经营、竹笋价格效益等引起。随着城镇化进程加快，农村大部分年轻人进城务工，竹林培育劳动力缺乏。大部分高节竹林面积小而分散。出笋旺季，竹笋价格 1 元/kg 左右，与 30 年前价格相仿。

关于第三个竹林老化问题，是竹林多年经营之后而普遍出现的问题，需要进行改造。造成竹林老化的低产竹林原因是多方面的，核心问题是经济效益问题。竹林每年的经营管理就是对竹林经营改造，如果竹林的经济效益高，竹林每年的经营管理就精细，竹林就不易老化，可持续高产。为了提高竹林的经济效益，不仅要高产经营，而且要因地制宜，采用特色高效经营，如进行夏笋冬出、鞭笋培育、山地高山迟熟培育、白笋覆土培育等，提高竹林的经济效益。

二、 低产低效林改造技术

低产低效竹林改造技术主要包括以下主要方面。

① 调整竹林结构。对低产低效竹林，首先要调整竹林地上的竹林结构。大部分老化低产竹园，密度过大，每亩多达 2000 多株，竹林的枝下高很高，竹子也长得很高；竹林年龄结构也不合理，有 7~8 年的老竹。也有部分竹林荒芜，母竹不留，竹林中有细小的母竹与杂草灌木。所以要清理竹园，砍去竹林中杂树灌木，砍去过密的老竹与生长较差的母竹。竹林结构轻度调整的，砍或挖去 4 年以上的老竹，每 $1m^2$ 一般保留母竹1 株,控制调整竹林的密度每亩在 600~700 株；重度调整的，砍或挖去 3 年以上的老竹，保留 2~3 年的壮龄竹，调整竹林的密度每亩在 300~400 株。

② 全面垦复深翻。对竹林进行全面垦复深翻，深度 20~30cm，挖除老蔸及老鞭，保留年轻母竹及健壮竹鞭，疏松土壤，清除石块，清理竹林，开沟排水，促进地下鞭的生长。深翻可在 6 月或 12 月进行，改造后一般第二年就可以恢复增产。

③ 施肥。改造时每亩深施竹笋专用生物有机肥 250kg 或厩肥 5000kg，翻入土中。改造后按高产竹林要求进行施肥。

④ 加土。对土层浅薄的竹林，在交通方便，有客土资源的情况

下，可以进行加客土。在 10~11 月，加客土 10cm。

⑤ 留养母竹。积极留养好母竹，根据调整强度，留养量比高产经营竹林适当增加，通过两年调整，使竹林结构达到高产经营竹林的密度。

⑥ 其他措施。其他措施如病虫防治，水分管理等，按高产经营竹林要求进行。

第六章 特色高产高效经营

TE SE GAO CHAN GAO XIAO JING YING

第一节 夏笋冬出覆盖培育

高节竹笋期在4月中旬至5月中旬，比雷竹笋出笋期迟1个多月。虽然高节竹笋产量高，笋味鲜美，但由于笋期迟，导致鲜笋价格比雷竹笋低30%~50%。临安板桥镇的张明华、周世忠、林向根等，从1993年开始把雷竹早出高产技术运用到高节竹培育中，通过不断地摸索试验，创造出高节竹夏笋冬出覆盖技术，使高节竹高产高效经营最高亩产量达4000多千克，最高亩产值达4万多元。使高节竹出笋时间比对照提早近130天，一般在春节前后上市(见彩图6-1)。

高节竹夏笋冬出覆盖的技术比雷竹更难操作，要求温度更高。与雷竹覆盖相比，在技术上有以下区别：一是在覆盖时间上比雷竹延迟1个月开始进行覆盖；二是覆盖的温度要比雷竹覆盖高10℃以上；三是采用2次覆盖，使增温保温时间延长。

高节竹夏笋冬出高效经营技术，是在高产栽培技术的基础上，采用二次覆盖增温，浇水保湿，四次施肥技术等三大技术进行。

高节竹夏笋冬出覆盖培育首要选择高产经营竹园，土壤疏松肥沃，亩产竹笋在2000kg左右，交通方便，有水源可以浇灌。高节竹夏笋冬出覆盖技术主要包括以下几个方面。

1. 二次覆盖增温

① 覆盖材料。以选取增温效果好、保温期长的覆盖材料。据试验以选用竹叶与麦壒(麦壳与麦粉尘)为好。高节竹覆盖需要较高的覆盖温度，较长的增温保温时间。竹叶作为覆盖增温材料增温效果好，保温时间长，温度稳定，既增温又保温；覆盖后利于竹笋生长出土，对

竹笋有良好的保护作用，竹笋质量好，色泽白润鲜嫩；覆盖方便，利于留养。竹叶来源于竹，养分全面，腐烂后是竹园最佳的有机肥料，可连续多年覆盖经营(见彩图 6-2)。麦壈(麦壳与麦粉尘)增温快，增温效果好，可作下层覆盖增温层的增温材料。稻草含碳较高，增温效果略差，作为高节竹覆盖不十分理想，但适合作为雷竹覆盖增温材料。谷壳是较好的上层保温材料，而高节竹覆盖需要较高温度与较长的增温时间，需要进行二次覆盖增温，也可以用于高节竹覆盖。其他覆盖材料可参照以上材料，进行试验确定。

② 覆盖时间。选择在春节前 1 个月开始进行。春节前后是竹笋价格最好的时候，因此尽量控制出笋时间在春节前后开始。高节竹覆盖一般从覆盖到出笋需要 1 个月时间，所以覆盖时间在春节前一个月开始进行。春节大部分在 1 月底至 2 月上旬，因此覆盖时间可选择在 12 月下旬至 1 月上旬。选择此期间进行高节竹的覆盖，技术难度较大，但效益明显。如再提前 1 个月时间进行覆盖，由于笋芽很小，产量会很低；如果延迟 1 个月覆盖，在技术上会容易得多，但竹笋的价格会相差很多，可能只能收回成本。为了能够获得较高的经济效益，选择在这个时候进行覆盖升温帮助萌发出笋，此时外界的气温很低常在 0℃以下，土壤温度也慢慢下降，笋芽处于休眠状态。

③ 覆盖温度。覆盖物中的最高温度控制在 30~35℃，覆盖物下地表温控制在 28℃左右。高节竹是春末夏初开始出笋的竹种，一般自然出笋的温度在 16℃以上。要把在 4 月中下旬开始出笋的高节竹提早到 2 月上旬开始出笋，就需要较高的温度。在 12 月下旬至 1 月上旬进行覆盖，此时外界气温较低，覆盖物通过发酵增温，一方面要抵御冬季气温下降，另一方面要慢慢地将温度一层一层地传递到土壤中，提高土壤中的温度，促进笋芽萌动出笋。所以覆盖温度从开始发酵到最高温度时应在 30℃以上，最高可达 35℃，向土壤传递时，地表温度在 28℃左右。经过一段时间，覆盖物的温度会下降，就要再进行第 2 次覆盖。覆盖厚度因材料不同有很大的差异，全部用竹叶 2 次覆盖厚在 50~60cm，用麦壈加竹叶 2 次覆盖厚在 30cm 以上。

④ 覆盖方法。覆盖竹园要加强竹林的水肥管理，覆盖时宜选择晴天进行，覆盖前施足肥料，浇透水。

方法 1：竹叶覆盖法。每亩预备覆盖竹叶材料 10t 左右。第一次覆盖，时间在12月下旬至1月上旬(春节前1个月)，用70%竹叶7t左右，均匀覆盖地表，喷浇水后，将竹叶翻一翻，再进行浇水，使竹叶潮湿，稍踩实后，等待竹叶发酵增温。覆盖后1~2个星期，覆盖物中温度达30~35℃，然后温度慢慢回落，20天后，覆盖物中温度大约到22℃时，进行第2次覆盖，再覆盖竹叶3t。

方法2：麦塲+竹叶覆盖法。每亩预备覆盖材料麦塲300包，竹叶5t，覆盖前20天，即在12月上中旬，先将麦塲300包铺在竹林中，如有小雨使麦塲湿润更好，如天气干燥，可适当浇点水。在12月下旬至1月上旬(春节前1个月)，进行第1次覆盖，可用50%的竹叶2.5t，均匀覆盖在麦塲上，喷浇水后，将竹叶翻一翻，再进行浇水，使竹叶潮湿然后踩实。20天后进行第2次覆盖，再覆盖竹叶2.5t。

采用麦塲铺盖大有讲究，因麦塲质量差别很大，每包有10多千克麦壳，较重的每包有30~40kg的麦灰粉尘。对于重的麦灰粉尘特别要注意，不能一大包倒在一堆，因为麦灰粉尘有大量的面粉，发酵时温度很高，会灼伤鞭根竹笋。

二次覆盖要根据每年情况不同而有变化。如暖冬或寒冬，在覆盖技术上会有变化的。在遇暖冬时，第2次覆盖可减少覆盖物用量，甚至不进行第2次覆盖。在遇寒冬时，气温特别低冷，可进行3次覆盖。

2. 水分管理

水是植物生长的生命基础，在整个竹子生长过程中都离不开水。高节竹的覆盖成功与否，效益高低与水分管理密切相关。在夏笋冬出2次覆盖培育管理中，有几个重要的水分补充时期。

① 5~6月份为母竹笋快速生长期，这时因竹笋快速生长，需要大量的水分。这时如水分不足，竹笋不饱满，笋壳皱软，引起退笋。在母竹高生长后期，如水分不足，笋梢常向一边歪斜，成竹质量差，易倒伏。所以应提前对竹林补充水分。

② 8~9月份为笋芽分化时期，天气常干旱，如土壤干燥，要进行浇水，以促进笋芽分化。

③ 在1月份覆盖前，如11月份干旱，土壤干燥，应提早20天前进行浇水，覆盖前再进行浇水。

竹林浇水不宜少量多次，宜一次浇透林地，每次每亩可浇8~10t。竹林浇水，应根据天气情况、土壤干湿程度和竹林生长情况而定，以保持土壤湿润，满足竹林生长的需求。

3. 合理施肥

高节竹夏笋冬出覆盖培育，在施肥技术上采用 4 次施肥技术，但施肥时间和方法与一般高产经营竹林 4 次施肥技术有所不同。

第 1 次施肥，如上半年未进行覆盖，计划下半年进行覆盖的竹园，在 6 月下旬进行施肥；如第 2 年再覆盖经营的竹园，可提前在 5 月下旬进行施肥。每亩施竹笋专用生物有机肥(氮、磷、钾比例为 4∶1∶2)120kg，撒施后，结合松土，翻入土中。第 2 次施肥，时间为 7~8 月份。每亩施 25kg 尿素或高氮复合肥，可分几次，雨后撒施。第 3 次施肥，时间为 9 月中旬至 10 月上旬。每亩施竹笋专用生物有机肥 80kg，撒施后，浅翻入土。第 4 次施肥，时间为 12 月底至 1 月初覆盖前。每亩施竹笋专用生物有机肥 120kg，撒施入土。

在没有竹笋专用生物有机肥的情况下，施肥应根据实际情况进行调整，可自行配比。总体把握三个要点：一是按每生产 1000kg 竹笋施入氮 40kg，磷 10kg，钾 20kg；二是测土配方平衡施肥；三是有机肥、化肥、生物菌肥结合使用。

4. 覆盖物处理

覆盖竹园 3~4 月笋期一般已经结束，应及时对覆盖物进行处理。因覆盖物数量过多，全部留在竹林中，对竹林生长不利。继续留在地表，竹鞭会迅速上浮；深翻入土，量也太多，应将多余的覆盖物移到竹林外。

对全部采用竹叶覆盖的竹林，在 5 月上旬，可将 2/3 的竹叶移出竹林外，这部分竹叶可作为其他竹林鞭笋覆盖的材料，亦可制作堆肥，用作其他竹林的有机肥料。留在竹园中 1/3 的竹叶可继续铺在地表进行鞭笋覆盖，亦可结合施肥，进行松土，翻入土中。

对于采用麦壗加竹叶的覆盖竹林，可将 1/2 的竹叶移出竹林外，对竹叶的处理与林地的管理同上文全部用竹叶覆盖的。

5. 竹林结构管理

采用覆盖的高节竹林，由于覆盖温度高，笋期提前结束了，母竹不进行留养，一般也没有竹笋可以留养。对于覆盖高节竹林结构的管理，密度与年龄结构都要进行调整。覆盖前密度适当增加，覆盖年份不留竹也不砍竹，连续覆盖经营两年，不覆盖经营两年。不覆盖年份进行母竹留养与老竹采伐。如首次覆盖时竹林的年龄结构 1 年生、

2年生、3年生、4年生比例为3∶3∶3∶1，则覆盖2年后，进行不覆盖2年，积极留养母竹；第1年，1~6年生立竹年龄结构调整为3.5∶0∶0∶3∶3∶0.5，第2年调整为3.5∶3.5∶0∶0∶2∶1，竹林的年龄结构从保留4年变化成保留6年。休整二年后，可再进行第2轮的覆盖。

第二节 鞭笋覆盖高效培育

高节竹鞭笋比毛竹鞭笋略细，比雷竹鞭笋粗壮，鞭笋色白，可食部分多，出肉率高，而且鞭笋笋味特别鲜美，价格高。经营培育高节竹鞭笋，可以获得较高的经济效益(见彩图6-3)。

2004年笔者在板桥镇板桥村雉鸡湾进行了高节竹鞭笋培育的初步试验，采用竹叶覆盖法，面积70m^2，5月10日覆盖，5月25日挖鞭笋，至9月20日共挖鞭笋57kg，价格8元/kg，产值456元，折亩产鞭笋542.9kg，亩产值4342.9元，效益显著。2005年继续进行鞭笋的培育试验，面积3亩，其中1亩前一年冬天采用夏笋冬出技术进行了覆盖栽培，2亩为未覆盖竹林。4月下旬至5月初，利用夏笋冬出覆盖出笋结束后的1亩陈竹叶，进行3亩竹林鞭笋生产覆盖培育。从5月6日开始挖鞭笋，截止9月5日，3亩竹林共挖鞭笋1019.5kg，鞭笋产值9428元，平均亩产鞭笋339.8kg，鞭笋亩产值3142.7元，也获得了较高的经济效益。

一般市售鞭笋都是毛竹鞭笋，毛竹鞭“横走地下”，大部分分布较深，只有小部分可以挖掘利用。高节竹鞭笋生产采用覆盖的方法，采收更加方便容易，能获得较高的经济效益。

高节竹鞭笋覆盖培育技术主要包括以下几方面。

1. 竹林选择

选择交通方便、土壤深厚、光照充足、靠近水源的成林竹园，土层深达80cm以上，以夏笋冬出的覆盖竹园为最佳。进行鞭笋生产前，培肥竹林地，前两年每年冬季每亩施入5000~8000kg的猪、牛厩肥，以改良土壤，将竹林培育成高产笋用竹林。

2. 夏季覆盖

5月中下旬，每亩施竹笋专用生物有机肥100kg，之后进行覆盖。覆盖材料可用陈竹叶，覆盖厚6cm左右，用于1亩夏笋冬出覆盖经营用的陈竹叶可以覆盖3亩(见彩图6-5)。覆盖时保持土壤湿润，如土壤干燥，应进行浇水，补充水分。如没有陈竹叶，可以用陈谷壳、新竹叶或稻草等，覆盖厚5cm。若用稻草时，应将其铡成小段。

3. 覆盖后的水肥管理

7~9月每月可施1次肥料浇1次水。可7月施尿素，8月、9月施竹笋专用生物有机肥，每次施20~25kg。施肥时间可在挖鞭笋后进行，每次施肥后进行浇水。如天气干旱，降水少，土壤干燥时，可每半个月浇水一次。10月、12月的施肥，可按照是否进行冬季早出覆盖进行相应施肥。

4. 鞭笋采收

覆盖后半个月，即可进行鞭笋采收，每隔4~5天采收一次。扒开覆盖物，发现鞭笋(见彩图6-6)，截去鞭梢长25~30cm，随后盖回覆盖物。经过一段时间，截断的竹鞭前端的竹鞭侧芽会生长发育出3~5条新竹鞭，待其长到一定长度后，又可以进行采收。鞭笋采收至9月下旬结束(见彩图6-7)。

5. 加客土与轮休

连续覆盖经营两年后，应进行加客土。在10月份，每亩施竹笋专用生物有机肥100kg，然后加土8~10cm。覆盖竹林要采取轮休措施，即连续覆盖两年后，按照一般高产笋用林经营管理两年，留养母竹，调整竹林的地上与地下结构，待竹林恢复后再进行鞭笋覆盖与夏笋冬出覆盖经营。

第三节 山地迟熟高效优质培育

高节竹山地迟熟高效优质培育，是利用山地海拔上升而气温下降的原理，在海拔500~800m的山地进行种植，使出笋延迟，避开平地高节竹及其他哺鸡竹类出笋的高峰，在竹笋价格回升时大量出笋，提高竹林的经济效益。

高节竹山地迟熟高效优质培育，除了延迟出笋以外，还可充分利用山地土壤深、水质好、昼夜温差大、养分积累多等优势，生产高品质竹笋，进一步提高效益。

临安山地资源丰富，在临安区太湖源镇指南村、高虹镇木公山村、天目山镇鲍家村等，推广高节竹山地迟熟高效优质培育，都取得了较好的经济效益。在低海拔区域，高节竹的出笋期在4月中旬至5月中旬。在海拔600~800m的山地区域，高节竹的出笋期在5月上旬至6月中旬，比低海拔地区延迟半个多月，每千克笋价可以提高1元左右。太湖源镇指南村，发展山地高节竹面积2000多亩，2007年竹笋总产量1650t，总产值280.5万元，最好的竹林亩产值可达8000元，最高竹笋价格每千克达5.2元。2011年全村高节竹笋产值达540万元（见彩图6-8）。

山地高节竹迟熟高效优质培育要遵循以下几方面的原则。一是分类经营原则：山地地型、坡度、海拔、土层厚薄、土壤肥力等变化复杂，因此要实施分类经营。二是生态经营原则：控制施用化学肥料总量，保护周边良好的生态环境，维护生态平衡。三是质量安全原则：禁止使用高毒高残农药，并在出笋期不使用农药，禁止使用除草剂，确保竹笋品质优质安全。四是灾害防控原则：随着海拔增高，气温下降，冬季常受大雪与冰冻的为害，因此在技术上要控制肥料的使用，加强对竹林的保护，采用钩梢，降低母竹的高度，促进高节竹山地迟熟高效优质培育的持续发展。五是延迟出笋原则：利用山地栽培高节竹的目的就是要延迟高节竹的出笋期，错开高节竹出笋的高峰，所以在技术措施上要使竹林延迟出笋。

山地迟熟高效优质培育技术主要包括以下几方面。

1. 竹林选择

在浙江海拔500~800m的山地，栽培高节竹，可以延迟高节竹的出笋期。在海拔500m左右区域相对竹笋产量高而出笋较早，在海拔800m左右区域相对竹笋产量低而出笋较迟，但往往有较严重的雨雪冰冻灾害。因此宜选择背风向阳、交通方便、坡度平缓、土壤疏松肥沃，海拔600~700m的山地，建立高节竹山地丰产高效优质培育基地。

2. 留养母竹

山地高节竹出笋期延迟半个月以上，母竹留养作相应推迟。每年5月中下旬进行留养，每亩留养新竹200~300株，平均胸径以4.0~6.0cm为好。按照母竹的大小，母竹大的枝叶浓密的，每亩留母竹200株；母竹中等的，每亩留母竹250株；母竹较小的，每亩留母竹

300 株。按照分类经营类型，高产经营的每亩可留 200 株，一般强度经营的每亩可留 300 株。

3. 竹林结构调控

一般高节竹笋用林立竹以每亩 600~800 株，1 年生、2 年生、3 年生、4 年生比例 3∶3∶3∶1 为宜，5 年以上的老竹应全部砍去。山地高节竹经营，由于立地条件变化较大以及母竹大小、分类经营要求，竹林的结构应该进行调整，对一般的丰产竹林或粗放经营竹林的立竹密度可以每亩800~1000 株，甚至 1200 株，竹林的年龄结构可以调整为2.5∶2.5∶2.5∶1.5∶1，竹林母竹 1~3 年生的保留，4 年生、5 年生的调整，6 年以上的老竹砍去，也可适当少量保留(见彩图 6-9)。

4. 合理施肥

在施肥技术上要注意三点。一是根据分类经营，高产经营竹林多施，丰产竹林少施，粗放经营竹林可少施或不施。二是注意山地冬季的风雪冰冻灾害，上半年多施，下半年少施，有机肥多施，化肥少施，积极推广应用生物肥料。三是随着海拔高低变化，高节竹的笋期生长节律有所变化，在施肥时间上有所变动。

高产经营竹林可一年施肥 3 次。第一次 3 月份施长笋肥，每亩施 20kg 尿素，雨后施入。第二次 7 月份施长鞭肥，每亩施竹笋专用生物有机肥 80kg，结合松土施入土中。第三次 9 月施孕笋肥，每亩施竹笋专用生物有机肥 40kg，浅削入土。(见彩图 6-10)。

5. 钩梢留枝

高节竹的自然枝档数通常在 34~36 档。平地竹林、笋材两用林，冬季雪压危害不大的地区，可不进行钩梢，但应加强竹林保护，防止风倒雪压。在山地冬季常有大雪或冻雨，宜进行钩梢(见彩图 6-11)。钩梢一般在 7 月份进行，钩梢后留枝档数以 12~18 档为宜。海拔稍低的可留枝 16~18 档，随着海拔增高，留枝档数减少，可为 12~14 档。

6. 松土加客土

高产经营竹林在 7 月份宜进行松土，结合施肥将肥料翻入土中。10~11 月有客土资源的，特别是可就近取土的，2~4 年可进行加客土 1 次，加土厚 8~10cm，加土后可提高竹笋品质，提高竹笋产量，并延迟出笋期。

7. 病虫害防治

高节竹主要病虫害有丛枝病、竹螟、笋夜蛾、竹蚜虫、竹小蜂、金针虫等。具体可参照第七章内容，积极进行防治。

第四节 白笋覆土高效培育

高节竹白笋覆土高效培育技术是一种通过加覆厚土的高效培育方法，使竹笋外观色泽变嫩白，酸涩味减少，口感细嫩香甜，改善了竹笋品质，提高了商品价值，每千克笋价从 1~2 元提高到 10~20 元。

浙江省杭州市临安区青山镇朱村，周金玉家造新房时，因为增加了门前竹林土层厚度，1989 年，长出了非常大的白笋，长 82cm，重 2.2 斤，围 20cm(见彩图 6-12)。杭州市桐庐县莪山乡新丰村叶荣法经营高节竹面积 19 亩，覆土白笋经营面积 4 亩。2014 年产白笋 1332kg/亩，2015 年产白笋 835kg/亩，年均产白笋 1083kg/亩，平均销售价格 12 元/kg，亩年产值 12996 元，投入成本 7100 元/亩。莪山乡新丰村蓝增华经营高节竹面积 9 亩，覆土白笋经营面积 3 亩，2015 年产白笋 1018kg/亩，平均销售价格12 元/kg,亩年产值 12216 元。

白笋覆土高效培育技术主要包括以下几方面。

1. 林地选择

选择立地条件好，交通方便，光照充足，背风向阳，土层深 80cm 以上，坡度 20°以下，有较好的水肥条件和生态环境，远离污染源的高节竹林地(见彩图 6-13)。

2. 培育改造

先进行 2~3 年培育改造，将竹林转变成竹笋亩产量达 1500kg 以上的高产竹林。冬季进行垦复深翻，清除竹蔸老鞭，每亩施 5000~8000kg 猪、牛厩肥，以改良土壤，培肥竹林地。每年留养新竹，调整竹林结构至每亩 600~800 株立竹，立竹胸径 5~6cm，1 年生、2 年生、3 年生、4 年生比例为 3∶3∶3∶1，分布均匀(见彩图 6-14)。

3. 覆土

9 月至翌年 2 月在高节竹林中均匀覆土 30~40cm(见彩图 6-15)。覆盖的客土为红壤或黄壤，团聚体结构好，黏粒含量 50%~70%，容重 1.0~1.2g/cm^3，pH 值 4.5~5.5。不能用砂石土、泥沙土。去除客土中的石块、树蔸(根)等。覆土前对竹林进行施肥，每亩均匀撒施复合肥50~60kg，然后覆土。

4. 林分结构调控

① 母竹留养。在出笋盛期的后期进行母竹留养，每年每亩留养母竹200~250株。留养的母竹应健壮，无病虫害，胸径5~6cm，母竹在林中分布均匀(见彩图6-16)。

② 老竹更新。6~7月，新竹长成后，结合林地垦复，伐去4年生以上老竹及部分4年生竹，清理风倒、雪压、病虫竹。保持立竹密度每亩600~800株。

③ 钩梢。在雪压、冰挂、台风等危害严重的地区，应采取新竹钩梢。6~7月，新竹抽枝展叶后钩去竹梢，留枝15~20盘。

5. 林地垦复

覆土后，在6~7月每年进行1次的林地垦复，深度25~30cm。结合伐竹和施肥，清除伐蔸和浅鞭。

6. 施肥

笋前肥，3~4月，开沟施尿素每亩20~30kg；长鞭肥，6~7月，均匀撒施复合肥每亩50~60kg，之后深翻林地；笋芽分化肥，9~10月，均匀撒施复合肥每亩40~50kg，之后深翻林地。

7. 水分调控

在5~6月份出笋期，竹林大量出笋、竹笋快速生长、母竹留养等需要大量的水分，如遇干旱缺水，则竹笋不饱满，影响竹笋产量和母竹留养。母竹长梢时若缺水，笋梢常向一边歪斜，造成成竹质量差。在8~9月份天气常干旱，笋芽进入分化时期，这些时间段若土壤干燥，则需对竹林补充水分。

8. 竹笋采收

除留养的母竹外的其他竹笋要及时采收。竹笋刚露土时或土壤开裂处，用锄头挖开竹笋四周土壤，用笋锹整株挖起，不损伤竹鞭(见彩图6-17)。采收时间以早晨为宜。

9. 轮闲覆土

一次覆土后，可保持3年的高节竹白笋生产，按高产林培育措施进行白笋生产培育，3年后可再进行覆土，再进行白笋培育。

第七章 竹林病虫害防治

ZHU LIN BING CHONG HAI FANG ZHI

第一节 综合防治技术要求

高节竹生产经营过程中，常受到各种病虫的危害。随着大面积高节竹纯林栽培和集约经营，病虫害的危害程度日益明显，严重的会导致竹笋产量和品质下降，竹林退化。另外，病虫害的不科学防治常使竹笋中农残超标，这会影响竹笋销售，造成竹农重大经济损失。因此，高节竹培育过程中，病虫害防治应秉承生态经营的理念，按照无公害竹笋生产标准及绿色食品要求进行，综合采用生物、化学、物理和营林等防治手段控制有害生物，实现高效安全生产。

高节竹林病虫害防治，要以营林措施防治为基础，结合使用物理和生物措施防治，严格控制化学防治，禁止使用高毒性、高残留等农药。此外，高节竹大部分笋期病虫害要以预防为主，在出笋期不使用任何化学农药；枝、秆和叶等病虫害尽量在笋期结束后进行防治。

高节竹病害以梢枯病为害严重，竹煤污病、竹秆锈病、竹丛枝病、竹疹病、叶锈病等为害较轻。高节竹虫害以竹蚜虫、金针虫为害较严重，竹笋泉蝇、竹笋象、竹卵圆蝽、竹介壳虫，竹螟、竹小蜂、竹蝗、竹舟蛾、竹毒蛾等为害较轻。高节竹重点病虫害的主要防治方法有以下几种。

一、 营林防治法

营林措施是病虫害防治的基础，通过改善竹林及周边生态环境，保护生物多样性，促进生态系统的平衡，抑制和减少病虫害发生。营林防治法是指应用营林技术措施防治竹子病虫害，即通过竹林结构调整、竹林抚育管理等环节来防治病虫害。它可以改善高节竹林及周边生态系统平衡，抑制或减少病虫害发生，是高节竹病虫害防治的基础。

加强高节竹林结构调整和抚育管理，提高竹林的生长势，从而提高竹林抗性。合理采伐、修枝和留养母竹，优化竹林结构，促使高节竹林通风透光。科学施肥，开沟排水，促进高节竹健康生长，提高竹林对病虫害的抵抗能力。林地进行垦复、除草，破坏有害生物的生存场所或中间宿主，减少竹林病虫害发病几率。

及时清理竹林，清除病虫源。及时清除高节竹病梢、病株和病枝，减少竹林病虫源和传播源。如竹梢枯病、丛枝病等病株或枝条清除后不要堆放在林内，要清理到林外集中烧毁。

二、 物理防治法

物理防治法是指应用光、电和器械等防治竹子病虫害，即利用竹子病虫害的习性进行诱杀、捕杀等(见彩图 7-1)。

利用害虫的趋光性、趋化性和潜伏习性等进行诱杀和捕杀。在高节竹林内，利用普通灯、黑光灯和频振式诱杀灯等诱杀鳞翅目害虫，如夜蛾、螟蛾等。在竹林抚育管理时，可以人为设置潜所、陷阱诱杀害虫或直接采用人工捕虫的方法，如地老虎、金针虫、竹介壳虫等。

对于竹秆上的虫卵、竹秆锈病等，可以通过刀等器械刮除竹秆上的病变组织、孢子和虫卵等，也同样具有良好的病虫害防治效果。

三、 生物防治法

以鸟治虫。鸟类能捕食竹林中的舟蛾、螟虫等害虫的幼虫和成虫。维护生态平衡，保护和招引食虫鸟，严格禁止捕杀益鸟。(见彩图 7-2)。

以虫治虫。瓢虫、螳螂、草蛉、步甲、蜘蛛、蚂蚁、猎蝽、食蚜蝇和茧蜂等可寄生或捕食害虫。可采用人工繁殖释放、助迁和引进上述虫类到竹林中，实现以虫治虫，降低害虫为害程度。

以菌治虫。利用某些微生物对害虫的致病或对病源菌的抑制作用防治病虫害。利用苏云金杆菌(BT)等细菌菌剂、白僵菌等真菌防治害虫。

四、化学防治

化学防治法是指利用化学试剂防治病虫害，即通过使用农药防治竹子病虫害。合理选用农药，尽量减少农药对竹林和环境的污染。采用竹腔注射法进行竹腔注射，一年只要注射一次，可以防治多种虫害，对多种秆、枝和叶害虫都具显著效果，对天敌、环境、人体、竹笋产品都相对比较安全。

对金针虫等地下害虫，可采用5%好年冬颗粒剂或3%毒唑磷颗粒剂，或用苏云菌杆菌粉剂、阿维菌素乳油，结合松土，翻入土中。施放农药不应在快出笋前进行，应在笋期结束后进行。

在采笋期间，不使用任何农药。采用农药喷雾或喷粉、烟雾方法防治叶、枝和秆病虫，可在笋期结束后进行。

第二节　主要病害及其防治

在高节竹病害中，高节竹梢枯病虽不常见，但为害严重；而竹煤污病、竹疹病、叶锈病、竹秆锈病、竹丛枝病等虽较常见但为害较轻。

一、高节竹梢枯病(马桂莲 等，2003；胡国良 等，2005)

1. 分布与危害

高节竹梢枯病在浙江省高节竹主要产区都有分布，既危害高节竹，也危害雷竹、尖头青竹、毛竹等竹种。该病害发病轻者引起枝枯、梢枯，发病严重者整株枯死。该病害自20世纪90年代发现以来，危害严重，导致高节竹林稀疏早衰，产量下降，严重影响竹农收益。

2. 症状

该病害危害当年新竹。病菌以菌丝体在病组织上过冬，翌年5~6月新竹放枝展叶时，借助风、雨传播，从植株伤口或直接侵入，危害当年新竹。严重染病的新竹在秋季9、10月份开始出现枯枝、枯梢或整株枯死。高节竹梢枯病病斑呈点状、条状、梭形状或不规则状；其由起初黄色变成紫色，然后由紫色逐渐变成紫褐色直至黑褐色。竹梢枯病先在小枝发病，然后不断扩展到主秆或梢节处，造成叶子萎蔫纵卷，枯黄脱落，枝、梢枯死，甚至全株枯死。剖开染病竹秆或竹枝，竹腔内组织发褐，有棉絮状菌丝体，在染病部表面上有黑色粉状物的分生孢子堆。

3. 病原

该病病原为暗孢节菱孢菌[*Arthrinium phaeospermum*(Corda)M. B. Ellis]，属于半知菌亚门丝孢菌纲节菱孢属，与毛竹枯梢病原菌不同。

4. 发病规律

高节竹梢枯病病菌通过菌丝体在病竹中越冬。菌丝为多年生，每年不断扩大，在第2~3年扩展最快。病菌分生孢子一般4月开始成熟，翌年5~6月新竹放枝展叶时，借助风、雨传播，从植株伤口或直接侵入，潜育期为1~2个月，8月开始发病，9~10月是发病高峰。染病严重的植株，当年出现枯枝、枯梢或枯株，染病较轻的竹子大多在第2、3年的5~6月或9~10月出现枯枝、枯梢或枯株。分生孢子在竹林中一年可产生多次，由于其他时间新竹已木质化，侵入较难，不易被侵入危害。

竹林病害与地形、土壤条件和气候条件等有关。一般土壤肥力高，密度大的竹林发病较为严重。

5. 防治方法

① 加强竹林的培育管理，合理控制竹林密度，增强竹林抗性和生长势，减少病害的发生。② 在冬季或春季出笋前，清除林内病株、病梢和枯株，并在林外集中烧毁，减少病源。③ 在病原菌分生孢子释放季节(5~6月)，用50%多菌灵可湿性粉剂或70%甲基托布津可湿性粉剂800~1000倍液，一周一次连续3次进行竹冠喷雾。

二、 竹秆锈病(方伟 等，2015；赵仁友 等，2006)

1. 分布与危害

竹秆锈病在我国主要竹产区均有分布，主要危害高节竹、雷竹、淡竹、白哺鸡竹、刚竹、石竹等。染病竹秆的病部变黑、发脆，利用价值降低。染病严重的竹林出笋减少，甚至造成竹林衰退。

2. 症状

该病害常发生在竹秆基部或中下部，但随着竹林病害不断加重，竹秆的发病部位会逐渐升高。在每年的6~7月份，在染病产生长条形、椭圆形或不规则形状的黄褐色、暗褐色圆的垫状物，即病菌的夏孢子堆。夏孢子堆随风雨飞散又侵染周围竹子，8月份后表现新黄斑。老病部位的病菌继续向病斑周围蔓延扩展。当年11月至翌年春夏在变黑的染病部产生冬孢子堆和夏孢子堆(见彩图7-3)。发病严重的竹林，从竹秆基部、中下部、上部乃至到小枝上都会发生，造成整株枯死。

3. 病原

该病病原为皮下硬层锈菌[*Stereostertum corticioides*(Berk et Br.) Magn]，属于担子菌亚门冬孢菌纲锈菌目柄锈菌科。

4. 发病规律

该病菌冬孢子主要萌发产生担孢子，但担抱子无侵染性。病菌的夏孢子在冬孢子堆下产生，可以直接侵染竹子。每年的5~6月，在老病竹上产生夏孢子经风传播到当年生嫩竹秆的近基部，遇水后萌发，通过伤口或直接侵入。经过一个较长时间的潜育期后(7~19个月)，在病部开始产生冬孢子堆和夏孢子堆。通常在10月底，在病斑上可见土黄褐色颗粒状的冬孢子堆突破寄主表皮而外露，其不断增殖、扩展，最后相互连接成一片毡状物。

该病在生产过密、经营管理不善的竹林内容易发生，尤其是湿度大、生长不良和通风差的竹林发病较重。

5. 防治方法

① 合理砍竹，防止竹林过密并及时清理病株。② 通过刀等器械刮除轻病株竹秆上的病变组织及周围的竹青，防治效果明显。③ 每年3月用0.3~0.5kg煤焦油和0.5kg煤油混合物涂于冬孢子堆上，抑制夏孢子堆的产生，防止当年新竹被病菌侵染。④ 5~6月用粉锈宁250~500倍液或0.5波美度石硫合剂喷洒病竹，每隔7~10天喷一次，共喷三次。

三、竹丛枝病(张稼敏，2000；金爱武 等，2002；方伟 等，2015)

1. 分布与危害

竹丛枝病又称竹扫帚、竹雀巢病。在我国竹子产区均有发生，其危害竹种很多，特别是包括高节竹在内的刚竹属竹种最多。染病竹子生长衰弱，发笋减少。发病严重的竹林常整片枯死，逐渐衰退。

2. 症状

该病发病初期只有个别竹子枝条发病，严重时侧枝密集成丛。病枝有鳞片状小叶，节间短。每年 4~6 月和 9~10 月病枝端新梢部产生白色米粒状物是本病最突出的诊断标志。病竹在数年内，从个别枝条发病逐渐发展到全部枝条，致使整株竹子枯死(见彩图 7-4)。

3. 病原

该病病原为竹瘤座菌[*Aciculosporium take*（Miyake）Hara]，属于子囊菌亚门核菌纲球壳菌目麦角菌科疣座菌属。

4. 发病规律

病菌的分生孢子和子囊孢子均有萌发的能力，借助风、雨传播。目前研究认为该病很可能是病菌的分生孢子先侵染个别的嫩梢，然后逐年发展到全株。发病初，病枝在春天不断形成多节细长且下垂的蔓壮枝，其枝上叶片变成鳞片状且颜色变浅，其节间变短并不断长出丛生小侧枝。4~6 月，竹子病枝端新梢部产生白色米粒状物；9~10 月出现第 2 次丛枝，也可产生白色米粒状物。病竹从个别枝条、丛枝逐渐发展到全部枝条，最终导致整株枯死。

近几年来该病在高节竹、雷竹等竹林中普遍发生，无论老竹林或新造竹林，尤其是郁闭度大，通风透光不好，管理粗放的竹林较易发生。

5. 防治方法

① 加强竹林的抚育管理，定期樵园、培土施肥，促进新竹生长，保持合理的竹林结构，高节竹每公顷控制在 9000~12000 株。② 定期砍伐老竹，及时砍除重病竹株，发现病枝立即剪除，并清出竹林外烧毁。③ 4~6 月及 9~10 月用粉锈宁 300 倍液或 50%多菌灵 500 倍液喷洒，每周 1 次，连续 2~3 次。

四、 竹煤污病(方伟 等，2015；方志刚 等，2001)

1. 分布与危害

竹煤污病在我国各竹区的多种竹子上均有分布。该病危害散生竹和丛生竹中很多竹种，若高节竹、毛竹和绿竹等。该病主要危害竹叶，偶尔也危害竹秆，影响竹子光合作用和呼吸作用，从而导致竹子生长衰弱，叶片脱落，小枝枯死，甚至竹林衰败。

2. 症状

该病主要发生在竹枝和叶片上，主要表现为在其上形成如同煤烟的黑色霉层。发病初期，竹叶或枝条上出现蜜汁点滴，接着逐渐形成圆形、不规则形状的煤点并逐渐蔓延扩大，致使竹叶正反面和枝条上均有厚厚的煤层。(见彩图 7-5)。

3. 病原

该病病原主要为煤炱菌(*Capnodium* sp.)，属于子囊菌亚门煤炱科。

4. 发病规律

该病菌可以以分生孢子、子囊孢子和菌丝体在染病植株上越冬。病菌借风、雨和昆虫传播，其发生时间和流行程度与介壳虫、蚜虫和粉虱等昆虫的活动程度密切相关。因为虫媒昆虫每年春、秋产生 2 次分泌物或蜜露，所以该病常在春、秋二季爆发。此外，竹林湿度大，病害发生严重；竹林郁闭度大，不透气也容易发病。

5. 防治方法

① 加强竹林的抚育管理，及时砍伐，保持合理竹林密度，每亩保持 800 株以下，使竹林通风透光、竹子生长强壮，可减轻发病的严重程度。② 该病的防治重要措施是消除虫媒。用 30% 吡虫啉水悬浮剂 1000 倍液喷雾防治，或用 50~100 倍液涂秆防治。

五、 竹疹病(谢瑾 等，2016；方伟 等，2015)

1. 分布与危害

竹疹病又称竹黑痣病，分布我国长江以南各竹产区，危害雷竹、高节竹、淡竹、刚竹等竹种。竹子染病后病叶易枯黄脱落，生长衰退，出笋减少。

2. 症状

该病发生在竹叶上。病害发生的特点是发病初期(8~9月)在叶片表面出现灰白色小斑点，后扩大成圆形或纺锤形，病斑颜色逐渐变为黄红色至赤色。第2年4~5月，病斑表面产生黑色光亮的小斑点，为病菌的子座，其边缘仍为黄红色或赤色。发病严重时，一张叶片上可产生很多斑点，最后导致叶片枯落(见彩图7-6)。

3. 病原

该病病原多属于子囊菌亚门中的黑痣菌属(*Phyllachora*)。现已知有4种黑痣菌能危害竹叶，为刚竹黑痣菌(*P. phyllastachydis* Hara)、圆黑痣菌(*P. orbicula* Rehm.)、白井黑痣菌(*P. shiraiana* Syd.)和中国黑痣菌(*P. sinensis* Sacc.)。

4. 发病规律

病菌以菌丝体或子座在病叶中越冬。翌年4~5月子实体成熟，释放孢子，靠风雨传播。一般竹冠基部的叶片先发病，然后渐向上扩展蔓延。郁闭度大、阴湿的、荒芜的、砍伐不合理的林分发病较重。

5. 防治方法

① 加强抚育管理，适当疏伐，合理调整竹林密度结构，使竹林通风透光，增强抗性，可减少发病。② 早春，收集病枝叶在林外烧毁，减少病害的来源。③ 在4~5月病菌孢子释放期，用25%的三唑酮可湿性粉剂500~600倍液，喷雾防治；在8~9月份叶片上刚出现灰白色病斑时，用50%甲基托布津500倍液，喷雾防治。

六、 竹叶锈病(周春来 等，2010)

1. 分布与危害

竹叶锈病在国内分布广泛，危害绿竹、高节竹、刚竹、麻竹等竹种。染病竹竹叶枯黄、脱落，造成竹林观赏价值降低，竹类生长势的恶化，严重的造成竹林衰退。

2. 症状

发病初期，在病叶背面密生黄色斑点，成点状或条状排列，随着病害的逐渐发展，叶背上生出橙黄色或锈褐色的粉状物(即病菌的夏孢子堆）。在秋、冬季，在叶背上可看到暗褐色茸状圆形的冬孢子堆。严重的病叶枯黄，最后脱落（见彩图 7–7）。

3. 病原

据报道，竹叶锈病的病原一共有 4 属 7 种。其中，常见的有刚竹柄锈菌（*Puccinia phyllostachydis*）、长角柄锈菌（*Puccinia longicornis*）和竹夏孢锈菌（*Uredo ignava*）。

4. 发病规律

该病病菌以冬孢子和菌丝在病组织或染病落叶中越冬。翌年 2～3 月冬孢子借风传播，进行初浸染。3～11 月夏孢子多次重复浸染。气温 20～35℃，相对湿度高于 70% 时易发病。竹林密度越大病害越严重。

5. 防治方法

① 清除病落叶，集中到林外烧毁或深埋，减少病原菌数量。② 加强竹林抚育管理，保持适当密度，并进行松土、施肥，促进竹子生长，提高抗病能力。③ 在 5 月夏孢子堆产生前，用粉锈宁 800 倍液喷雾，每隔 7～10 天喷 1 次，连续喷施 3 次，或用 20% 的三唑酮乳油的 800～1000 倍液，每周喷 1 次，连续防治 3～4 次。

第三节　主要虫害及其防治

高节竹虫害以竹蚜虫、金针虫等为害较严重；而一字竹笋象、竹蝗、竹卵圆蝽、竹小蜂等为害较轻。

一、 竹蚜虫（徐天森 等，2004；方志刚 等，2001）

1. 分布与危害

竹蚜虫属于同翅目斑蚜科，在我国竹产区广泛分布，是危害竹子的主要害虫之一，主要包括竹后粗腿蚜（*Metamacropodaphis bambusisucta*）、竹色蚜（*Melanaphis bambusae*）、竹梢凸唇斑蚜（*Takecallis taiwanus*）和矢竹斑蚜（*Takecallis takahassii*）等。竹蚜虫在新竹抽枝展叶时危害最为严重，群集于新枝和嫩叶上吸食液汁，同时分泌蜜汁诱发煤污病，严重影响竹子生长。

2. 形态特征

蚜虫，虫体小，椭圆形，具刺吸式口器，分有翅型与无翅型两种，成虫 2mm 左右。竹后粗腿蚜，体表有白色蜡粉为嫩黄色蚜虫；竹色蚜为黑色蚜虫；竹梢凸唇斑蚜为绿色蚜虫(若蚜有红、绿两种颜色，有翅蚜绿色为多)；矢竹斑蚜为黄色蚜虫(见彩图 7-8)。

3. 发生规律

竹后粗腿蚜。一年 20 余代，以卵于 11 月中旬在叶背过冬，翌年 3 月孵化，由有翅蚜进行孤雌生殖，一只有翅蚜能生小蚜 10~15 只，10 天左右繁殖一代，11 月上旬，若蚜分化雌雄蚜，交尾后产卵，每雌产卵 3~5 粒。分布林缘比林内多，密度低的比密度大的多。

竹色蚜。一年 30 余代，无越冬虫态和越冬阶段，月月危害竹子，由无翅母蚜和有翅蚜进行孤雌生殖，从小蚜发育成母蚜需 10~12 天，一只母蚜能生小蚜 30~40 只，每只有翅蚜生殖小蚜 5~11 只。分布与竹林稀密、竹园内外无关系。

竹梢凸唇斑蚜。一年 50 余代，无越冬虫态和越冬阶段，一年四季繁殖，气候在 10℃以上，5~8 天繁殖一代，冬季 8~10 天繁殖一代。由有翅蚜营孤雌生殖。每只有翅蚜生小蚜 7~20 只，分布与竹林年龄、密度、地域无关。

矢竹斑蚜。一年数十代，无越冬虫态和越冬阶段，一年四季繁殖，以有翅蚜营孤雌生殖，4~6 天繁殖一代，一只有翅蚜能生小蚜 4~8只，成林及密度大的竹林多，竹冠下部多，林内弱光处多；与竹林区域和年龄无明显关系。

4. 防治方法

① 保护蚜虫天敌。如瓢虫、草蛉、食蚜蝇和蚜茧峰等，以虫治虫。② 竹冠喷雾。主要适用于低矮竹林和密度稀的竹林，用 5%蚜虱净、2.5%功夫乳油或 20%杀灭菊酯 1000~2000 倍液喷雾。③ 竹秆涂药。适宜密度小、竹秆高大的竹林。新竹 5~6 月用乙酰甲胺磷，冲水 1~2 倍直接涂秆；下半年或老竹用原液，在竹秆上刮一节或二节涂秆。

二、 金针虫(徐华潮 等，2002；赵江涛 等，2010)

1. 分布与危害

金针虫是鞘翅目叩甲科幼虫的统称，分布于长江流域以南各竹产区，危害雷竹、白哺鸡竹、红竹、高节竹等刚竹属竹种。其中分布较广危害性较大者有 4 种，即沟金针虫(*Pleonomus canaliculatus*)、细胸金针虫(*Agriotes fuscicollis*)、宽背金针虫(*Selatosomus latus*)和褐纹金针虫(*Melanotus caudex*)，其中沟金针虫分布广，对笋用竹危害较重。沟金针虫主要以幼虫取竹笋和竹根，受害笋不能成竹，造成退笋。

2. 形态特征

成虫。雌雄成虫体长 14.0~18.0mm，宽 3.0~5.0mm，头顶有三角形凹陷且密布刻点，有约 11-12 节的细长触角，全身有金灰色细毛。

卵。沟金针虫卵近椭圆形，长约 0. 7mm，宽约 0. 6mm，其为乳白色 。

幼虫。初孵体长 1.8 ~ 2.2mm，为乳白色，但头与尾节呈淡黄色。老熟幼虫体长 20.0~30.0mm，为黄色(前头和口器暗褐色)，细长圆筒形且略扁平，具黄色细毛，坚硬而光滑；头扁平，上唇三叉状突起，胸、腹部背面正中有一明显的细纵沟；尾节黄褐色，尾端分叉，并稍向上弯。(见彩图 7-9)。

蛹。该虫蛹呈长纺锤形，长约 19.0~2.0mm，先为绿色，后逐渐变为褐色。

3. 发生规律

沟金针虫一般 2~3 年完成 1 代，以幼虫或成虫在土中越冬，越冬深度因地区和虫态而异，多数在 15~40cm 之间。不覆盖竹林越冬幼虫通常在 3 月初开始活动，4 月为活动盛期；覆盖竹林越冬幼虫通常在 1 月甚至更早开始活动，3 月为活动盛期。5 月幼虫化蛹。6 月成虫羽化出土。成虫昼伏夜出，在夜间进行交配和产卵，卵产于 3~7cm 深土中，卵期约 35 天。7 月虫卵孵化，10 月中下旬向深层移动越冬，幼虫生活长，直至第 3 年 5 月左右，幼虫老熟后在 15~20cm 深土中化蛹。

沟金针虫的为害活动与土壤温、湿度等环境条件密切相关。幼虫在冬季低温下移至土层深处休眠越冬，在春季回暖时上升土表为害；在夏季高温下移到土层深处越夏，在秋季地温下降上升土表为害根系。金针虫活动的适宜土壤湿度为15%~25%。在春季，湿润表土对金针虫活动有利，其危害加重，但是如果表土过湿，呈饱和状态，金针虫反而向深层活动，危害暂停；表土缺水对之不利，其危害较轻。

4. 防治方法

① 松土除草可机械杀死部分蛹和初羽化成虫。② 有机肥腐熟使用可减轻为害。每亩用苏云金杆菌粉剂 3kg，或阿维菌素乳油 2.2~4.4kg 拌有机肥撒施。③ 保护天敌，充分发挥各种益鸟、蟾蜍、步甲等的作用。④ 危害严重的竹林在笋期过后，用 1.0%甲维盐乳油 1000 倍液喷浇。

三、 一字竹笋象(赵仁友 等，2006；方志刚 等，2001)

1. 分布与危害

一字竹笋象属于象属鞘翅目象甲科，是笋后期的重要害虫，分布于南方各地竹区，危害刚竹属、箬竹属、苦竹属、唐竹属、茶秆竹属等 60 多种竹子，以刚竹属竹种为主。成虫、幼虫均在笋上取食。幼虫蛀入笋中，致使竹笋死亡或发育成竹后折枝断梢、秆部虫孔累累、节间缩短、竹材僵脆，影响竹子生长。

2. 形态特征

成虫。雌雄成虫体棱形，长约 12~22mm，雌虫淡黄色，雄虫赤黄色；都有喙管状，长约 4.5~8.5mm 。成虫头黑色，两侧各生漆黑色椭圆形复眼，具黑色膝状触角，长约 3mm；前胸背板隆起圆球形，有一字形黑斑，双鞘翅上分别有 2 个黑斑；肩角及外缘内角黑色。

卵。虫卵为稍弯曲的长椭圆形，长约 3.0mm，短约 1.0mm。卵最初为白色且不透明，后逐渐转变为乳白色，孵化前下半段半透明。

幼虫。初孵幼虫虫体为乳白色，透明，柔软，长约 3.1mm，背线白色。老熟幼虫体长为 18~25mm，黄色，多皱褶，其头赤褐色，口器黑色，尾部有深黄色突起。

蛹。虫蛹体长 16~22mm，最初为乳白色，逐渐变为淡黄色，头紧靠前胸下，前胸背板大，其喙末端位于中间，翅芽到其腹5节后缘处。

3. 发生规律

一字竹笋象在具出笋大小年习性的竹林中2年1代，在不具出笋大小年习性的竹林中1年1代。4~5月，越冬成虫出土、交尾产卵，其寿命30天左右，可多次交尾、产卵。卵多产于笋的中部，经3~5天孵化，初孵幼虫在产卵穴内取食。5月底6月上旬幼虫老熟，咬破笋箨落地入土作一土室化蛹，于6~7月羽化成虫越冬。出土成虫白天活动，晚上和阴雨天少活动，多躲入落叶下或杂草根部。成虫在笋的中上部啮食笋肉。幼虫在笋箨与笋之间取食笋肉，笋被害部位高生长受阻，导致节间缩短，食孔较大时笋梢折断或风折。随着竹笋木质化程度提高，幼虫转而取食枝芽，竹枝夭折。

4. 防治方法

① 喷雾防治。成虫盛期，可采用触杀性杀虫剂喷雾防治成虫。用20%氰戊菊酯或2.5%溴氰菊酯或80%敌敌畏乳油混配，直接击毙在土中越冬的成虫。化学防治后进行垦覆松土，有利于巩固和延续化学防治效果。② 加强林地管理，秋冬两季对竹林进行垦复松土等，捣毁一字竹笋象虫土室，破坏此虫越冬环境条件，每年或隔年进行1次，可降低虫害。③ 一字竹笋象有假死性，行动迟缓，小面积虫害可进行人工捕杀。

四、 竹蝗(徐天森 等，2004)

1. 分布与危害

我国危害竹子的蝗科害虫有20余种，其中以黄脊竹蝗危害最重。竹蝗类在我国各竹产区都有发生，杂食性，喜食竹类，但食料缺乏时，可危害水稻、玉米等农作物。大发生时，致大面积竹林失叶殆尽，竹株枯死。黄脊竹蝗属于直翅目丝角蝗科，以成虫、若虫分散或群聚取食竹叶。

2. 形态特征

成虫。黄脊竹蝗雌雄成虫体长约28~42mm，体多为黄、绿色。触角深褐色丝状，尖端淡黄色；复眼深褐色卵圆形；由头顶至前胸背板中央有一黄色纵纹，前狭后宽；后足腿节黄绿色，胫节蓝黑色；前脊中央淡黄色，腹面黄色；前翅前缘及中央暗褐色，臀区绿色。

卵。虫卵为卵圆形，中间稍弯曲，一端稍尖，长直径约 6~8mm，短直径约 2~3mm，棕黄色。卵囊圆袋形，长直径约 18~30mm，短直径约 2~3mm，下端稍粗，土褐色。

若虫。竹蝗的若虫称蝻或跳蝻，共 5 龄，平均每龄龄期约 10 d 左右，初孵为淡黄色或绿、黄、褐色相间的麻色，2 龄为黄色，3~5 龄为黄黑，体背中线黄色鲜明，老龄若虫羽化前为翠绿色。

3. 发生规律

黄脊竹蝗 1 年发生 1 代。以卵在土中越冬。在长江流域，越冬卵于翌年 5 月上旬至 5 月底孵化，若虫期 5 月上旬至 6 月下旬，成虫期 7 月上旬至 9 月下旬。华南地区各虫态发生期早 1 个月左右。初孵若虫群集于林下小竹取食，约 10 天后上竹。1~2 龄若虫群集于竹梢取食，竹梢呈枯黄色，远处可识别。3 龄后分散取食。7 月初开始羽化成虫，约 20 天后产卵，卵产于约 3cm 深的土中。竹蝗喜产卵于土质疏松、植被稀少的向阳坡面。若虫和成虫均有群集和迁飞习性，对咸和尿味有趋性。

4. 防治方法

竹蝗大面积发生的危害性极大，竹蝗若虫(跳蝻)上大竹后防治较困难。因此，对其防治应立足于抑制竹蝗种群增长和发生，一旦大面积发生，应力争控制蝗害于跳蝻上竹之前。

① 11 月对成虫集中产卵林地进行垦复处理，除卵杀灭，减少虫源。② 初孵若虫群集小竹、杂草上取食时，用化学防治，采用 2.5% 溴氰菊酯超低容量喷雾，每公顷用药 15mL，必须在若虫孵出后 10 天以内防治，必要时可在 1 星期后重复喷药防治 1 次。③ 若虫上大竹后，可采用林丹烟剂 (7.50 ~ 11.5kg/hm^2)、敌敌畏烟剂 (7.5 ~ 11.25kg/hm^2) 熏杀。

五、 竹卵圆蝽(方志刚 等，2001；徐天森 等，2004)

1. 分布与危害

竹卵圆蝽属于半翅目蝽科，国内分布于浙江、福建、江西、四川

等地竹区，危害毛竹、淡竹、红壳竹、高节竹等。若虫和成虫在竹枝、秆上刺吸汁液，致使竹子枝叶枯死，生长势衰退甚至死亡。

2. 形态特征

成虫。体长 13.5~15.5mm，宽 7.5~8.0mm，背隆起，颜色由最初的黄色变为褐色，密布黑色斑点和白粉。头钝三角形，触角 5 节，黄褐色至黑褐色。前胸背板隆起，前侧缘稍外伸，呈弓形，黑色。腹部黄色，气门黑色，足淡黄色。

卵。桶形，高约 1.4mm，直径约 1.2mm，淡黄色。卵孵化前，卵盖一侧出现三角形黑线，中间被 1 条黑线垂直均分二，两底角下方各有 1 个椭圆形红点。

若虫。若虫 5 龄。老熟若虫体长 9.5~13.0mm，宽 4.5~5.2mm，棕黄色，有黑色刻点，从翅芽沿腹背形成"V"字形黑斑，腹部侧缘浅黄色。触角 4 节，灰黑色。

3. 发生规律

竹卵圆蝽一年发生 1 代，以 2~4 龄若虫越冬。越冬若虫于翌年 4 月上中旬活动取食。5~6 月上旬成虫羽化，6~7 月中旬产卵，7 月出现若虫，10~11 月越冬。

初孵若虫围集卵壳四周，经 3~6 天脱皮。脱皮后即可爬行，比较活跃，多爬至竹的小枝节上或枝杈交界处取食，很少活动。老熟若虫在大枝和竹秆上取食。成虫群集在竹秆节的上、下部位取食，卵块多产于新竹竹叶背面、杂灌叶片和竹秆上。

4. 防治方法

① 通过天敌 黑卵蜂、蜘蛛、蚂蚁、广腹螳螂、步甲、虎甲和瓢虫等天敌能较好地控制竹卵圆蝽数量的增长。② 依据竹卵圆蝽沿竹竿爬行上竹危害的特性，在 4 月上旬若虫上竹前，用黄油 1 份、机油 3 份调匀，在竹秆基部涂油环阻止若虫上竹，当害虫密集时，可人工捕杀或喷施触杀性杀虫剂；③ 每年 3 月下旬，在竹林中点状喷洒白僵菌用于防治害虫，每亩用药为 0.5kg。④ 在卵的孵化盛末期，采用 50% 杀螟松乳油 500~1000 倍液喷杀。

第八章　竹笋加工

ZHU SUN JIA GONG

第一节　主要竹笋加工产品

高节竹笋个体粗壮，肉质肥厚，笋味甘甜，既可鲜销上市，又可进行多种加工。目前高节竹笋的加工产品可以分成8大类，即天目笋干类、水煮笋类、腌制笋类、脱水笋干、速冻笋、调味笋类、手剥笋类和休闲笋类，产品上百个。从加工的历史发展来看，天目笋干为浙江省临安区的传统特产，具有悠久的加工历史。自宋以来，天目笋干已为江南士民所称道，1956年首次进"广交会"(中国进出口商业交易会)展出，天目笋干以其色泽青绿黄亮、香气清馥芬芳、滋味鲜嫩可口、包装古朴典雅的独特风格，备受青睐，当时香港《经济导报》撰文称颂，谓"天目笋干以清鲜盖世"，名噪海内外。近百年来，天目笋干与金华火腿、绍兴老酒齐名。

一、 天目笋干产品

1. 宋代至清代的天目笋干

天目笋干的加工历史悠久，据宋代僧人赞宁的《笋谱》记载："日干甚，耐久藏，以备蔬食，尤妙者也"，当时笋干是用太阳晒干。据清光绪临安《於潜县志》记载："青笋、石竹生荒山，细而长，山民取以售值。""若高山深谷离村较远，就山设厂，采笋煮之，曝之，为笋干，贮以篓，虽久不黦。老嫩兼半谓之摘头，嫩者谓之笋尖，极嫩者谓之尖上尖，味美价尤贵"，笋干加工有了分类，并有了竹篓包装。从宋代到清代较长的历史时期，对笋干加工工艺的记载均很少。在

4~5月出笋季节，常有阴雨天气，大量竹笋采收蒸煮后一时是难以晒干的，山区多木炭，使用炭火来烘焙，应该是简单的常事，但在文字的记载中，没有用炭火烘焙记载，笋干加工仍然是以日晒曝之。

2. 民国时期

在民国时期有质量很好的天目笋干产品，主要产品有“早园凤尖”与“天目挺尖”。“早园凤尖”产于临安的临目、杨岭和东天目山等地，焙制考究，蜷如虾形，色黄亮滋润，味清香鲜美。“天目挺尖”(见彩图8-1)又称“白蒲头”，产于南乡的三口、板桥和上甘等地。长不逾4寸，粗若拇指，翠黄肥嫩清鲜，食之无渣。天目笋干加工已采用炭火焙制，但没有详细的加工工艺记载。

3. 1950—1980年

在新中国成立以后至改革开放之前这30年期间，临安的笋干归属国家三类点名商品，即实行计划管理的三类物资，由省下达调拨计划，按计划分配到销区及口岸。农村的笋干生产由村生产大队集体生产加工，笋干产品由生产大队统一交售供销社的收购站。天目笋干的产品有焙熄、肥挺、秃挺和小挺，这是天目笋干的商用成品。焙熄是笋尖头肥嫩部分，是天目笋干产品中的极品。肥挺、秃挺和小挺是根据竹笋大小肥瘦进行分类，然后摘去嫩头而剩下的部分，再结实成只、烘干成型。摘下的笋尖嫩头加工成焙熄，烘干成型后，用竹篓箬叶进行包装；分类分级后的肥挺、秃挺和小挺也用竹篓箬叶进行包装(见彩图8-2)，既透气又不受潮，可长期保存，长途运销甚至出口港澳及东南亚。直尖是笋经蒸煮烘干后的初制成品，又叫毛坯笋干，价廉又有市场，一般都用大麻袋装，极易受潮变质。扁尖就是直尖，在笋干产区叫直尖，而在销区就称为扁尖，在上海、苏州和杭嘉湖一带销区，把未进行分类的直尖毛坯统货笋干都称谓是扁尖。现在肥挺、秃挺等挺类笋干已没有人加工，如果有这类笋干，现在市场上也难以接受，因为都已摘去了6~8cm的嫩头，没有笋尖嫩头的笋干，大家也不会喜欢。而秃挺、小挺类笋干比较长而老，允许带一个青节，摘去嫩头以后长度还有30cm、36cm。

① 焙熄。笋干经上堆，复汤发酵后，摘下笋尖头肥嫩部分，长度

6cm 左右，烘干成型，是天目笋干中的极品。

② 肥挺。笋干经上堆，复汤、发酵后，摘去笋尖嫩头，再用人工揉捻搓成球形，焙干，再用木槌敲打成扁圆形，使之结实成只。笋形肥大壮实的称为“肥挺”。要求肉质肥厚、整株嫩、无青节、单株笋干长为 24~30cm，干燥。

③ 秃挺。比肥挺略小为秃挺，要求肉质肥嫩的笋占 80%~90%，带一个青节的笋干占有 10%左右，单株笋长在 30cm 以下，干燥。

④ 小挺。比秃挺更瘦小，肉质较薄，带一个青节的笋干不超过 20%，单株笋干长度在 30~36cm，干燥。

⑤ 直尖。蒸煮后即进行烘干的初制成品，或叫半成品笋干，是未进行复汤再加工分类的统货毛坯笋干。

⑥ 扁尖。扁尖就是直尖，在产区叫直尖，在销区称扁尖。

4. 1980 年以后

1980 年以后，天目笋干的加工工艺，有了较大的改进。在传承传统加工工艺的基础上，基本不采用复汤发酵与摘头加工工艺，在烘焙工艺上，大部分笋干加工企业，从焙笼炭火烘培慢慢转变用烘房热风烘干，烘干速度更快，笋干色彩更好，功效更高。在天目笋干产区，家庭式农户笋干加工，数量多的也采用烘房烘干，数量少的依然采用炭火烘焙。在产品包装贮藏上，基本上采用食品袋包装与冰箱冷库贮藏。从产品品种来看，主要有天目焙熄、天目直尖、天目扁尖、天目弯尖(天目尖)、天目潮笋干等(见彩图 8-3)。

① 天目焙熄(天目嫩尖)。当笋干烘焙至 6~7 成干时，剪下笋尖 6~10cm 嫩头，经揉搓烘干成型。

② 天目直尖。每支笋干带嫩尖，当笋干烘至 6~7 成干时，经过揉搓，然后拉直成直条状，再烘干成型。

③ 天目扁尖。每支笋干带嫩尖，当笋干烘焙至 6~7 成干时，用木榔头敲打代替传统揉搓，把笋干敲打成扁平状，然后再烘干成型。

④ 天目弯尖(天目尖)。每支笋干带嫩尖，当笋干烘焙至 6~7 成干时，经揉搓成弯曲状，再烘干成型。

⑤ 天目潮笋干。是按天目笋干传统工艺，经蒸煮、烘焙至半干的笋干新产品。由于含水量较高，所以必须在冰箱或冷库保存。

从天目笋干加工发展的四个历史阶段来看，天目笋干加工工艺是发展变化的，从开始的日晒发展到用炭火烘焙，这种传统的加工工艺是深深地扎根于临安民间大地，得到广泛地传承的，在临安主要笋干产区，几乎家家户户都会加工。

从市场产销来看，现在加工的天目笋干销售范围更广，数量更多。从市场消费接受来看，当时用太阳晒干被称赞为“尤妙者也”的笋干，以及用“发汤、摘头、成只”加工工艺被誉为“清鲜盖世”的挺类天目笋干，不一定受现代的人们那么喜爱欢迎。

现在天目笋干的加工传承了加盐蒸煮、炭火烘焙等传统工艺，减去了“发汤、摘头”工艺，保留了笋干嫩尖，工厂生产发展了烘房热风烘干，提高了生产效率与产品质量。现在产品名称沿用了直尖与扁尖的名称，但天目直尖是带有笋尖直条状的笋干，天目扁尖是带有笋尖的扁平状笋干，与原来的含义已有所不同。

二、 其他竹笋加工产品

1. 水煮笋产品

高节竹水煮笋的加工工艺来源于毛竹水煮笋。毛竹水煮笋主要出口日本，有大罐、中罐及丝、丁、片和条等各种软包装。高节竹笋水煮笋主要是企业自己加工贮备的原料罐，为全年调味笋加工进行原料贮存，因此，高节竹水煮笋产品大部分为18L的大罐。

2. 腌制笋类

采用竹笋腌制是一种比较好的竹笋原料保存的方法，腌制笋能很好地保存竹笋加工原料，保存时间可达1年以上，具有竹笋原有的独特风味，而且腌制笋也是安全的。腌制笋可以为进一步加工提供原料，同时也可作为半成品在蔬菜农贸市场销售。

腌制笋也有各种产品，在产品销售中仍沿用天目笋干产品的名称，产品有天目笋干、天目扁尖、天目尖、天目直尖等，应规范重新命名进行区别。

3. 脱水笋干

采用剥壳取肉、清洗、杀青和脱水烘干的方法，添加少量食用盐，是一种干制蔬菜型食品，适合规模工厂化生产。目前加工数量不多，产品有待进一步开发。

4. 速冻笋

采用剥壳取肉、加盐杀青、冷却和速冻的方法进行加工，杀青使竹笋中的酶失去活性，并瞬间速冻后，在-18℃冷冻保存，是新开发的一个加工产品类型。也可采用液氮快速冷冻法，但其成本较高。

5. 调味笋类

主要以水煮笋、腌制笋为原料，进一步精加工成各种调味笋，也可用鲜笋直接加工。产品种类较多，开袋即食、有罐装、盒装、袋装等。主要加工产品有油焖笋、山珍玉笋、风味烤笋、泡椒脆笋、麻辣香笋、雪菜笋丝和香菇笋尖等几十个品种。

6. 手剥笋类

是一种带笋壳的产品，经加盐蒸煮、调味焖煮、杀菌、检验和包装十几道工序加工而成，具独特风味，用手剥去笋壳后食用，故称手剥笋。

7. 休闲笋类

可以用鲜笋、腌制笋和笋干为原料进行加工，是一种消闲类食品，开袋即食。产品种类较多，主要有多味笋丝、花生笋干和黄豆笋干等。

第二节 竹笋加工技术

一、 天目笋干加工

天目笋干以天目山区新鲜的小竹笋为原料，主要竹笋原料有石竹笋、天目早竹笋、高节竹笋、红竹笋、水竹笋、篌竹笋、刚竹笋、雷竹笋等，经去壳、蒸煮、烘焙、揉制、烘干等独特加工方法焙制而成的盐渍笋干(见彩图 8-4)。

1. 传统天目笋干加工(19 世纪 50~70 年代)

- 加工工艺流程

原料初选→剥壳→煮笋→烘焙→上堆→复汤→成型→烘干→分级→包装、贮藏

- 加工技术要求

原料初选。选用当天采收的新鲜竹笋，直径为3cm左右。

剥壳。用削笋刀在笋的一侧从笋梢部往下削一刀或二刀，做到不包脚，不削到笋肉，然后用右手捏住梢部笋壳，沿着右手食指旋转，把笋壳剥去。

煮笋。将去壳笋置于煮锅槽内，头朝槽壁，莌部朝中央，分层堆放，每一层撒一些食盐，用盐量占带壳鲜笋重3%（相当剥壳后笋肉的6%）。笋、盐交错叠放，直至槽顶。然后在槽内注入清水，用木桶锅（在铁锅上套接一个大木桶），每锅煮笋300kg，加水15kg，旺火煮4~5小时（传统用木桶锅，因铁锅较小，所以要煮4~5小时）。第二锅，加盐量也相应减少。连续煮两锅后，就要重新换水、加盐。

烘焙。煮熟的笋要立即捞出，滤干水分，再放于焙床上烘焙。焙温应控制在40~60℃，经常翻动笋干，使笋肉干燥均匀。干燥的笋干色泽黄亮，手捏笋干有松挺感，不滑腻。一般烘干50kg笋干，耗木炭60kg左右。

上堆。焙干后的笋干一般暂时堆放在焙房阁楼上称为上堆，使笋干内外干湿均匀，等笋期结束后再进行复汤加工。

复汤。焙干上堆后的笋干还需重新在煮沸盐水中浸软，便于揉搓成团。浸软又称为复汤。每100kg笋干用盐量10kg左右，加水60kg左右。待笋干把复汤盐水全部吸净后，捞起堆于竹垫上压实，上用塑料膜封盖。经复汤后3~5天的笋干最软，易于搓团，时间过长笋干常会发酸变质。

成型。复汤后的笋干，摘下的笋梢嫩头，经搓揉加工、烘干，就成为焙熄。将摘过头的笋干，按大小、肉质肥厚进行分类加工，置于竹垫上揉搓成球状，使笋头在内、梢在外，绕成四圈半的笋干球为佳品。将搓好的笋干团，重新烘焙，当七成干时，取出置于石板上，用榔头敲成扁圆形后再烘干即为成品。

分级。天目笋干按色泽、大小、肉质肥厚进行分级。分级规格如下。

① 焙熄。笋尖头肥嫩部分，长度6~8cm。是本产品中的极品，

其形似虾米，色黄亮、无笋衣、无杂质、无断身、无盐末、干燥，清香扑鼻、食之无渣。

② 肥挺。笋干经上堆，复汤，摘去嫩头后用人工揉捻搓成球形，焙干，再用木槌敲打成扁圆形，使之结实成只。笋形肥大壮实的称为“肥挺”。要求肉质肥厚、整株嫩、无青节、单株笋干长为24~30cm，干燥。

③ 秃挺。比肥挺略小为秃挺，要求肉质肥嫩的笋占80%~90%，带一个青节的笋干占有10%左右，单株笋长在30cm以下，干燥。

④ 小挺。比秃挺更瘦小，肉质较薄，带一个青节的笋干不超过20%，单株笋干长度在30~36cm，干燥。

包装、贮藏。传统加工笋干分级后，用竹篓进行包装，每小篓装笋干1kg，小篓内衬箬叶，使笋干不受潮，保持笋干特有清香。25个小篓再装入一个大篓，称为冬瓜篓，包装后及时藏入仓库。

2. 现代天目笋干加工(19世纪80年代后)

● 加工工艺流程

原料初选→剥壳→清洗→蒸煮→烘焙→揉压→成型→烘干→分级→包装、贮藏

● 加工技术要求

原料初选。选用石竹、天目早竹、尖头青竹、红哺鸡竹、高节竹、雷竹等竹笋为原料，要求当天采收的新鲜竹笋，以直径3cm左右，长度30cm左右为佳。

剥壳。剥净笋壳，保留幼嫩的笋衣，除去虫蛀笋、变质笋，切除老蒲头，保持笋体鲜嫩。

清洗。洗清泥沙，清除杂质，并保持笋体完整，避免折断。

蒸煮。采收后的竹笋宜在12小时内进行蒸煮加工为好，不得超过24小时。去壳清洗后，鲜笋均匀入锅，同时分层分批加入食盐，用盐量占去壳后笋肉重8%，开始蒸煮。若采用蒸气蒸煮，时间为1.5小时；用不锈钢大锅蒸煮，每锅煮笋250~450kg，旺火煮2~3小时，中间要翻动一次，达到笋肉均匀熟透，以折笋不断，笋肉不夹生为标准。

烘焙、揉压、成型、烘干、分级。出锅后趁热上匾，将熟笋理直均匀摊在烘匾上，笋蒲头不能叠放，笋梢要叠摊，将烘匾一层一层放

入烘笋干架车上，推入烘房，温度控制可分三个时段，先高后低：开始 80~100℃烘焙2 小时，控制笋干的色光颜色；中间时段 60~80℃烘焙 4~5 小时，烘焙至 6~7 成干，进行分类揉制；最后 40~60℃，烘焙 3~4 小时，直至烘干成型。

① 天目焙熄。烘焙至 6~7 成干时，摘下笋尖 6~10cm 嫩头。再烘焙干燥成型。(剩下的部分可烘干作为休闲笋、笋干粒等其他产品加工原料)

② 天目直尖。烘焙至 6~7 成干时，经揉制整理后，拉直成直条状，再烘焙干燥成型。

③ 天目扁尖。烘焙至 6~7 成干时，经揉制或敲打，压成扁平状，再烘焙干燥成型。

④ 天目弯尖。烘焙至 6~7 成干时，经揉制成弯曲状，再烘焙干燥成型。

⑤ 天目潮笋干。烘焙至半干时即可。

包装、贮藏。按包装要求，称重、装袋、封口、包装，入成品仓库贮藏。按标准化进行生产，每个类型可以根据长短、含水率、含盐率、嫩度以及竹笋种类进行分级。一般笋干含水率为 20%~25%，含盐率为 15%~20%。

二、 高节竹水煮笋加工

- 加工工艺流程

原料验收→预煮、冷却→剥壳→整形、分级→过磅、装罐→调整pH→杀菌、封口→冷却→入库、贮存(见彩图 8-5)。

- 加工技术要求

原料验收。竹笋要求新鲜，从挖掘到蒸煮不超过 12 小时；按大、中、小进行分级，除去有虫笋、变质笋等不合格笋，并及时分装到指定的蒸煮筐内，以待预煮。

预煮、冷却。笋原料分大、中、小分别进行预煮，采取汽蒸或水煮两种方法。大笋、中笋和小笋分别预煮 60 分钟、55 分钟和 50 分钟左右。不能过生，更不能过熟。预煮后的原料马上用流动水冷却，让笋体快速冷透，直至达至常温。

剥壳。将老根蒲头切去，去掉笋壳外皮，清洗竹笋，及时浸入在清水里。

整形、分级。根据笋的形状，根部直径和全长的比率，按照各等级规格要求进行整形细分。将形状，色泽和大小一致的笋放入同一容器内。

过磅、装罐。空罐用热水清洗消毒，冲洗干净。18L 大罐，每罐固形物不得少于 11kg，把挑选过磅好的笋小心放入罐内，注满清水。把等级规格，生产日期，工厂代号，个数写在罐天板上。

调整 pH 值。根据气温水温的变化，按工艺要求认真做好 pH 检测，调整 pH 值。及时调整水次数及漂洗时间，当 pH 值达到工艺要求时(高 pH 值为 4. 8 左右，常规为 4. 3 左右)，及时换水杀菌。

杀菌、封口。最后一次换水后，尽快进行杀菌。杀菌温度≥100℃；杀菌时间≥120 分钟；消毒，杀菌后进行“十”字形封口，确保封口严密。

冷却。水煮笋经自然冷却后，再涂上食用白蜡油，用油布擦干，准备进仓库。

入库、贮存。pH4. 2~4. 7 水煮笋，按规格、等级、生产日期分别堆放，配置垫仓板，并留有通道，以便于敲罐检查。pH4. 8~5. 3 水煮笋：自然冷却后的高 pH 值水煮笋及时进冷库，按规格、级别、生产日期分别堆放，并配置垫仓板，冷库温度保持在 1~5℃。

三、 腌制笋加工

腌制笋(见彩图 8-6)是在天目笋干加工基础上进行开发的一类加工产品，能快速地将大量鲜笋进行处理，很好地将竹笋原料保存起来，保存时间可达 1 年以上。临安腌笋加工最多的时候一年达 8000t。腌制保存的竹笋具有原有竹笋的独特风味，而且腌制笋也是安全的。腌制笋在加工工艺上，原料初选、剥壳、清洗、加盐蒸煮与天目笋干相同，蒸煮时的用盐量适当减少，煮熟后，趁热腌制，然后贮藏保存。竹笋腌制，成本低，易操作，既适合厂家规模加工，也适宜农家生产。腌制竹笋产品既可为调味笋、休闲笋加工提供加工原料，又能供应蔬菜市场销售。

- 加工工艺流程

原料初选→剥壳→清洗→蒸煮→腌制→贮藏。

- 加工技术要求

原料初选、剥壳、清洗、蒸煮。加工工艺参照天目笋干加工。蒸煮时用盐量，高节竹笋及红哺鸡等哺鸡类竹笋，由于竹笋粗大，笋肉壁厚，每 100kg 笋肉用盐 5kg；雷竹笋、竹笋直径 3cm 以下细长笋，每 100kg 笋肉用盐 3kg。在煮笋时，用盐量比天目笋干用盐量要少。

腌制。笋煮熟后，直接捞起，趁热放入腌笋池或缸内，一层笋一层盐，用盐量，高节竹笋每 100kg 笋肉加盐 23kg，雷竹笋每 100kg 笋肉加盐 20kg。

贮藏。在最后腌制时要在上面撒上一层盐，然后上面加石块压实，贮藏，始终使卤水淹没竹笋。

当市场需要时，即可从腌池撩起，根据需求，进行包装，供应市场，但腌制贮藏时间需要 20 天以上，才可以上市。

四、 脱水笋干加工

脱水笋干是一种干制蔬菜型淡笋干(见彩图 8-7)，采用杀青、烘干等比较简单的竹笋加工方法，将鲜笋加工保存起来。脱水笋干易加工，易保存，可以进行机械化、规模化加工。目前加工数量不多，产品销路有待进一步拓展。

- 加工工艺流程

原料初选→剥壳→清洗→杀青→烘干→贮藏。

- 加工技术要求

原料初选。选用当天采挖的新鲜竹笋，竹笋大小与加工天目笋干相同，一般竹笋直径为 3cm 左右。

剥壳。剥去笋壳，除去虫蛀笋、变质笋，切除老蒲头。企业加工可以收购笋肉，将前两道工序在农村定点收购笋肉前完成，免除剥笋与笋壳处理的麻烦。

清洗。洗清泥沙杂质，并保持笋体完整，避免折断。

杀青。在杀青时，可适当加入笋肉重 3%~5% 食盐。杀青时间为 40~60 分钟，将笋煮熟。

烘干。杀青后，沥去水分进行烘干，可利用全自动烘干机进行一次烘干。

贮藏。烘干后，进行包装，入库贮藏。

五、 速冻笋加工

冷冻并不能完全杀死微生物，解冻时在室温下会恢复活性。低温可显著降低酶促反应，但不能破坏酶的活性，在-18℃以下，酶仍会进行缓慢活动。高节竹鲜笋含水量高达91%，冻结缓慢时，会形成大的冰晶，使细胞组织损伤，液汁流失，失去竹笋原有品质。速冻笋加工一般采用-40℃低温速冻，在杀青时加入5%食盐，使竹笋细胞内水分减少，通过杀青降低微生物与酶的活性，并进行速冻保存，保持原竹笋品质风味。这种速冻笋加工方法与采用超低温-80℃液氮速冻笋加工比较，减少了机械设备的成本投入，采用加食盐的方法弥补了速冻缓慢，对速冻笋产品的影响，提高了竹笋的风味，使一般加工企业都可以进行速冻笋的加工(见彩图8-8)。

- 加工工艺流程

原料初选→剥壳整理→清洗→杀青→冷却→速冻→贮藏。

- 加工技术要求

原料初选。选用当天采挖的新鲜竹笋。

剥壳整理。剥去笋壳，除去虫蛀笋、变质笋，切除老蒲头，根据大小进行整理分类。

清洗。洗清泥沙杂质，并保持笋体完整，避免折断。

杀青。加笋肉重5%食盐蒸煮杀青。时间为40~60分钟煮熟即可。

冷却。杀青后进行冷却，可以用空气冷却、冰水冷却，预冷一般在0℃以上，不使原料结冰为限。

速冻。经过前处理的竹笋应尽快冻结，利用速冻机械设备，使笋体在-40~-30℃的低温下，经2~3小时的时间形成非晶冻结，使笋体中心温度达到-18℃。

贮藏。速冻后，在-18℃或更低温度下贮藏，能贮藏较长时间。冻藏时要注意保持稳定的低温。

以上为采用一般速冻机械设备进行速冻，在-40~-30℃的低温下进行，因速冻时间稍长，为避免形成晶体冻结，所以在杀青时加入

5%食盐。如采用超低温液氮速冻机(见彩图 8-9)，在-80℃的低温下进行速冻，速冻时间只要几十分钟或更短时间，在杀青时就不需要加食盐，这样投入成本相对较高。

六、 调味笋加工

调味笋加工大部分使用高节竹水煮笋原料进行加工，少量采用鲜笋直接进行加工。前面原料验收、预煮、冷却、剥壳、整形等几道工序参照高节竹水煮笋加工；部分调味笋利用腌制笋原料进行加工，前面几道工序则参照腌制笋的加工。调味笋产品种类较多，开袋即食，有罐装、盒装、袋装等多种包装。加工产品主要有油焖笋、山珍玉笋、风味烤笋、泡椒脆笋、麻辣香笋、雪菜笋丝、香菇笋尖等几十个产品。这里主要介绍油焖笋的加工，以高节竹水煮笋为原料(见彩图 8-10)。

- 加工工艺流程(油焖笋)

原料验收→清洗→切割→漂洗→调味煮焖→装袋→封口→杀菌→检验→包装入库。

- 加工技术要求

原料验收。依据《水煮笋行业标准》对产品进行敲罐、洗罐、开罐检验。

清洗。先将漂洗池注入一半的水。将合格品放入池内进行清洗处理。

切割。按照工艺要求正确加工，进行切条，可将笋切成 5.6～6.5cm 长、1.2～1.5cm 宽的笋条。其他产品按产品要求进行切块、切丁、切片、切丝，在符合标准的前提下，尽量提高原料利用率。

漂洗。在流动水中淘洗 1 次，取出沥干水分，交下道工序。

调味煮焖。按照油焖笋的配方，将笋块、酱油、酱色液、砂糖、精盐和清水放入夹层锅焖煮 40～50 分钟，加入熟生油，加盖 10 分钟出锅，滤去汤汁后加入味精。其他产品按各类配方进行加工。

装袋。这是竹笋软包装生产中最关键的一环。按照竹笋食品加工标准卫生要求，装袋室要清洁卫生，做到无尘、无菌，包装工具、容器都要经过严格消毒；操作人员按食品加工卫生要求穿戴工作服。竹笋软包装采用 128g、250g 等规格，装袋时按规格称重，避免封边区液滴残留。

封口。装好袋后，置于真空包装机进行抽气封口，要求封牢，平整光洁，无漏液现象。

杀菌。将封好袋口的软包装竹笋放入竹篮中，再在消毒锅中以95~100℃的温度杀菌120分钟，杀死大肠杆菌、真菌和酵母菌等杂菌。

检验。检验封口质量，有无油汁漏痕现象。

包装入库。将软包装竹笋成品装入钙塑箱内，内衬瓦楞纸片，每箱装50袋或100袋，然后打包，完成包装。

七、 手剥笋加工

手剥笋(见彩图8-11)是一种带笋壳进行加工调味的竹笋产品，具独特风味，食用时需用手剥去笋壳，故称为手剥笋。手剥笋加工有两个阶段，第一个是初加工制坯，第二个是成品加工。用鲜笋直接加工成产品只是一小部分，全年大部分手剥笋的成品加工，需要在笋期进行初加工制坯，将加工原料贮藏起来，主要有腌制贮藏与装罐贮藏。

1. 手剥笋初加工制坯技术

- 加工工艺流程

↗发酵——→直接进行成品加工
原料初选→冲洗→淘洗→蒸煮→腌制——→贮藏→进行成品加工
↘装罐→杀菌→贮藏→进行成品加工

- 加工技术要求

原料初选。原料选用高节竹、红哺鸡、尖头青、雷竹等竹笋为原料，要求当天采收的新鲜竹笋，从竹笋采收到厂加工不超过24小时。选用直径在2~3cm左右，径长比1∶9的小竹笋，除去有虫笋、退败笋、变质笋(见彩图8-12)。

冲洗、淘洗、蒸煮。将初选后的原料鲜笋，放入筐内，用水冲洗，洗去杂质和泥土。因手剥笋是带壳进行加工，笋壳中易进入泥沙，所以冲洗后还要仔细进行淘洗。将冲洗后的笋再倒入清洁的水中，上下翻动进行淘洗，将残存泥沙洗尽。然后进行蒸煮，将笋均匀分层入锅，同时分层分批加入笋重5%的食盐，进行带壳蒸煮；若用蒸气蒸煮，温度120℃，时间为1.5小时，若用水锅蒸煮，温度在

105℃左右，时间为2~3小时，中间要翻动一次，达到笋肉均匀熟透，折笋不断。

发酵。直接进行成品加工的，鲜笋经原料初选、冲洗、淘洗、蒸煮后，放入发酵池内，用清洁水浸泡自然发酵，经24小时左右，待pH在4.5以下时，即可直接用于成品加工。

腌制贮藏。鲜笋经原料初选、冲洗、淘洗、蒸煮后，进行腌制，用盐量为笋重的25%~30%，将煮熟的笋，捞起后分层分批放入腌池中，一层笋一层盐，边放边分层踏实，最上层要铺放一层3cm厚的食盐，然后上面放上竹片或木板，再用石头等重物压实排气，使笋内水分压出，覆盖表面，形成密封的卤水层为止，腌制竹笋的腌池环境须清洁卫生，通风清凉，避免高温日晒。腌制贮藏时间60天以上，待原料后熟后，才能用于成品加工。

装罐贮藏。鲜笋经原料初选、冲洗、淘洗、蒸煮后，放入池内，用清洁水浸泡，经约24小时的自然发酵，待pH在4.5以下时，采用18L大罐进行装罐。采用蒸气杀菌，温度100~105℃，时间60分钟，随后立即封口。将原料罐头笋移入半成品仓库贮藏，随时用于成品加工。

2. 手剥笋成品加工技术

- 加工工艺流程

原料清洗→切段成型→漂洗→焖煮调味→摊凉→真空包装→杀菌→预存→产品检验→包装入库。

- 加工技术要求

原料清洗、切段成型、漂洗。按用量将笋胚捞出，倒入池内清洗后，除去杂质。切除老蒲头进行切段成型，长度一般控制在8.5~9.0cm，直径超过3cm的可对开或四开，检出虫笋与变质笋。再用清洁水漂洗干净。盐渍制胚笋要多次漂洗，漂洗时间48小时，达到无咸味为止，有条件可用活水漂洗。

焖煮调味。笋从水池拿出后放进高温煮熟灶煮3小时，同时加入食用盐、白砂糖、辣椒等各种调味料和山梨酸钾。煮时要翻动达到均匀。

摊凉、包装封口。熟料送摊凉间摊凉，真空包装；摊凉后的笋，一根一根地装入蒸煮袋中，每根用手捏，捏到硬硬的笋便是虫笋，立即除去，按照所需的规格进行称重后，采用真空包装机真空封口。

杀菌、预存。采用蒸气杀菌，温度 105～120℃，时间 40～60 分钟，随后立即冷却。然后将产品进入半成品车间进行预存，分批次摊放，7 天后检查封口是否有裂开或胀袋，并除去胀袋或裂开的产品。

产品检验、包装入库。将该批产品送生产质检部门进行检验，对水分(固形物)、盐分、亚硝酸盐、大肠菌群等项指标进行检验。检验合格的产品，套上外包装袋、封口，打上生产日期，装入纸板箱，送入成品仓库。手剥笋保质期一般为 6 个月。

八、 休闲笋加工

休闲笋(见彩图 8－13)可以用鲜笋、水煮笋、腌制笋、笋干等为原料进行加工，由于选用不同的原料，鲜笋原料初选、剥壳、清洗、蒸煮、烘焙等前面几道工序，参照各有关加工工艺。休闲笋是一种消闲类食品，开袋即食，产品种类较多，主要有多味笋丝、花生笋干、黄豆笋干等各种类型。这里主要介绍采用腌制笋为原料加工多味笋丝休闲笋的加工。

- 加工工艺流程(多味笋丝)

原料验收→清洗→切割→漂洗→焖煮→烘干→装袋→封口→杀菌→检验→包装入库。

- 加工技术要求

原料验收。对腌笋等加工原料的质量进行检验，检查原料竹笋有否变质。

清洗。先将漂洗池注入一半的水。将合格品放入池内进行清洗、浸泡、脱盐处理。

切割。按照工艺要求正确加工，进行竹笋切条或切丝。

漂洗。在流动水中再进行漂洗，取出沥干水分，交下道工序。

焖煮。按照休闲笋多味笋丝要求进行配方，将笋条、白砂糖、食用盐、辣椒、辛香料、清水放入夹层锅焖煮 2~3 小时，然后收汁。

烘干。出锅后，将煮好的多味笋丝均匀摊在烘匾上，进入烘房进行烘干。

包装入库。烘干后，进行装袋、称重、真空封口，包装入库。

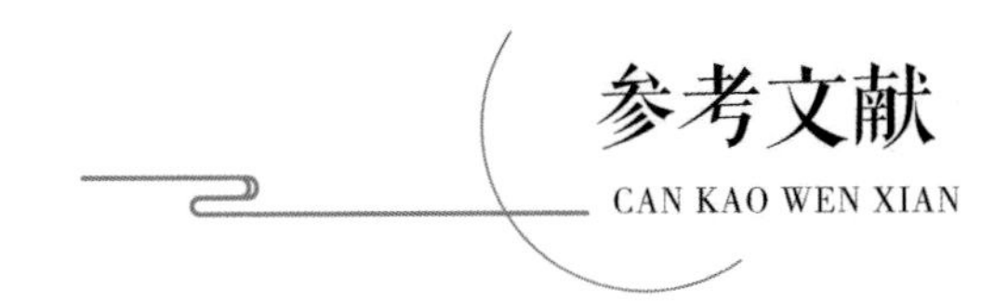

参考文献

CAN KAO WEN XIAN

方伟，桂仁意，马灵飞，等，2015. 中国经济竹类[M]. 北京：科学出版社.

方伟，何钧潮，凌申坤，等，2002. 高节竹丰产经营技术[J]. 林业科技开发，16(1)：39-41.

方伟，杨德清，马志华，等，1998，高节竹笋用林培育技术及经济效益分析，竹子研究汇刊，17(3)：15-20.

方志刚，等，2001. 笋用林病虫害防治[M]. 北京：中国林业出版社.

何钧潮，2008. 图说食用笋竹高效安全栽培[M]. 杭州：浙江科学技术出版社.

何钧潮，陈立强，1995. 高节竹夏笋冬出经营技术的研究[J]. 竹子研究汇刊，14(2)：78-82.

何钧潮，过婉珍，孙亚俊，等，2003. 高节竹出笋高峰日的回归预测[J]. 农业系统科学与综合研究，19(4)：302-304.

胡国良，俞彩珠，楼君芳，等，2005. 高节竹梢枯病发生规律及防治试验[J]. 中国森林病虫，24(5)：38-41.

金爱武，等，2002. 竹笋高效益生产关键技术[M]. 北京：中国农业出版社.

马桂莲，胡国良，俞彩珠，等，2003. 高节竹梢枯病病原菌及其生物学特性[J]. 浙江林学院学报，20(1)：44-48.

马乃训，赖广辉，张培新，等，2014. 中国刚竹属[M]. 杭州：浙江科学技术出版社.

谢瑾，朱丹丹，2016. 竹黑痣病发生情况调查及病原研究[J]. 现代农业科技，8(18)：87-89.

徐华潮，吴鸿，周云娥，等，2002. 沟金针虫生物学特性及绿僵菌毒力测定[J]. 浙江林学院学报，19(2) ：166 -168.

徐天森，王浩杰，2004. 中国竹子主要害虫[M]. 北京：中国林业出版社.

徐天森，王浩杰，俞彩珠，2008. 图说竹子病虫识别与防治[M]. 杭州：浙江科学技术出版社.

张稼敏，2000. 高节竹丛枝病研究初报[J]. 浙江林业科技，20(5)：52-53.

张立钦，方志刚，刘振勇，等，2000. 竹秆锈病防治试验及其推广应用[J]. 竹子研究汇刊，19(2)：72-75.

赵江涛，于有志，2010. 中国金针虫研究概述[J]. 农业科学研究，31(3)：55.

赵仁友，等，2006. 竹子病虫害防治彩色图鉴[M]. 北京：中国农业科学技术出版社.

浙江林学院罐藏竹笋科研协作组，1984. 竹笋的营养成份[J]. 浙江林学院学报，1(1)：1-14.

周春来，吴小芹，叶利芹，等，2010. 南京地区竹叶锈病病原及发生规律研究[J]. 南京林业大学学报(自然科学版)，34(3)：101-106.

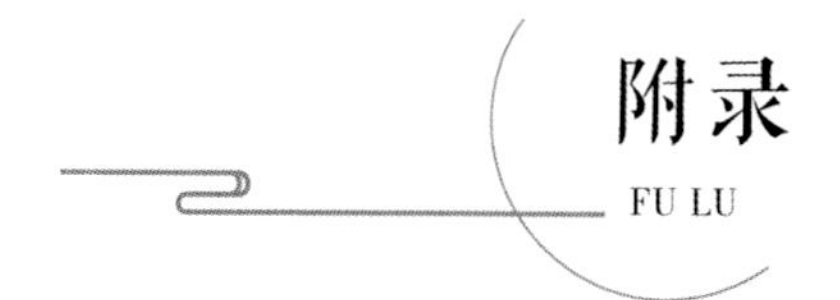

高节竹夏笋冬出覆盖与鞭笋生产栽培农事历

月份	栽培农事历
1 月	覆盖竹林，观察地表温度，覆盖 30 天后，注意竹笋出土，及时采收竹笋。预防竹林冰冻雪害。
2 月	覆盖竹林，竹笋采收。竹林保护，摇雪防雪压。春季种竹。
3 月	覆盖竹林，竹笋采收；注意低温霜冻天气。
4 月	覆盖竹林，清理竹园，搬去覆盖物。自然林，竹笋采收。
5 月	积极采收竹笋。留养新竹，低海拔 5 月上旬，高海拔 5 月中旬。安装杀虫灯。防治竹蚜虫、笋夜蛾为害。进行鞭笋覆盖。
6 月	松土施肥；删伐老竹；钩梢留枝；防治竹小蜂、金针虫为害。鞭笋采收。
7 月	防台风，防水涝，清沟排水。鞭笋采收。
8 月	干旱时，适时浇水，每半个月可浇水一次。鞭笋采收。
9 月	松土施肥。丛枝病，清理病枝，搬出林外烧毁，并用三唑酮喷雾防治。鞭笋采收。
10 月	干旱时进行浇水。采收鞭笋。新造林种竹。
11 月	覆盖竹林浇透水。施生物肥，有机肥。准备覆盖材料。
12 月	中下旬用竹叶等进行第 1 次覆盖，每亩可用竹叶 6~7 吨，20 天后进行第 2 次覆盖每亩用竹叶 3~4 吨，控制地表温度 28℃左右。

第一章　绪 论

图 1-1　高节竹

图 1-2　高节竹

图 1–3　临安区太湖源镇高节竹基地

图 1–4　桐庐县莪山乡高节竹基地

图 1–5　重庆市忠县高节竹示范园区

图 1–6　高节竹竹笋 · 桐庐白笋

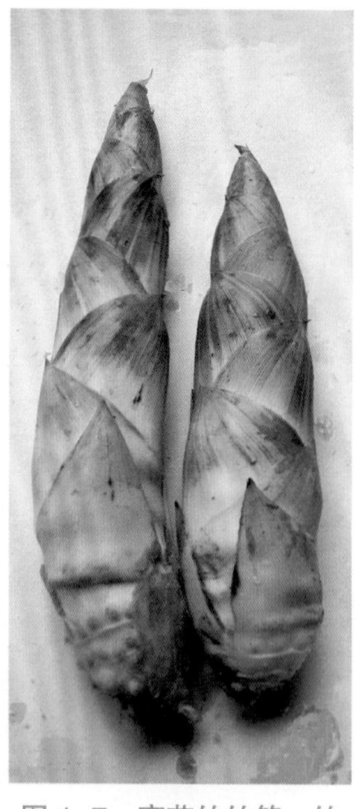

图 1–7　高节竹竹笋 · 竹叶覆盖笋

图 1-8　高节竹·竹林

图 1-9　高节竹 · 竹笋

图 1-10　高节竹 · 防护林

图 1-11　白哺鸡竹

图 1–12　乌哺鸡竹

图 1–13–1　红哺鸡竹

图 1-13-2　红哺鸡竹

图 1-14-1　尖头青竹

图 1-14-2　尖头青竹

图 1-15-1　花哺鸡竹

图 1-15-2　花哺鸡竹

图 1-16-1　富阳乌哺鸡竹

图 1-16-2　富阳乌哺鸡竹

第二章　高节竹生长发育

图 2-1　竹鞭生长发育

图 2-2　鞭梢

图 2-3　跳鞭

图 2-4　秆柄 · 秆基 · 秆茎

图 2-5　竹笋的地下生长

图 2-6　竹笋生长过程

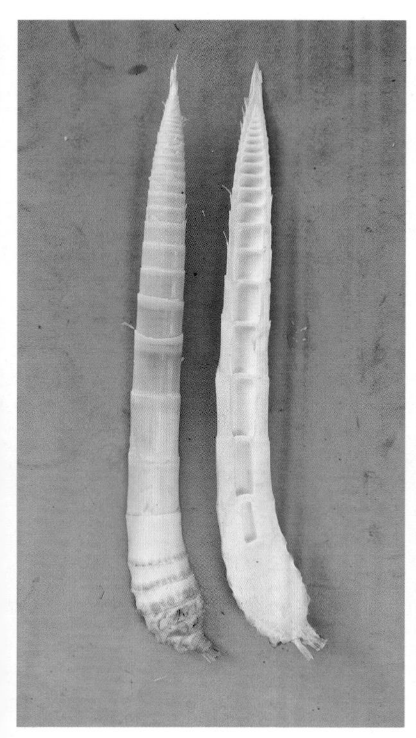
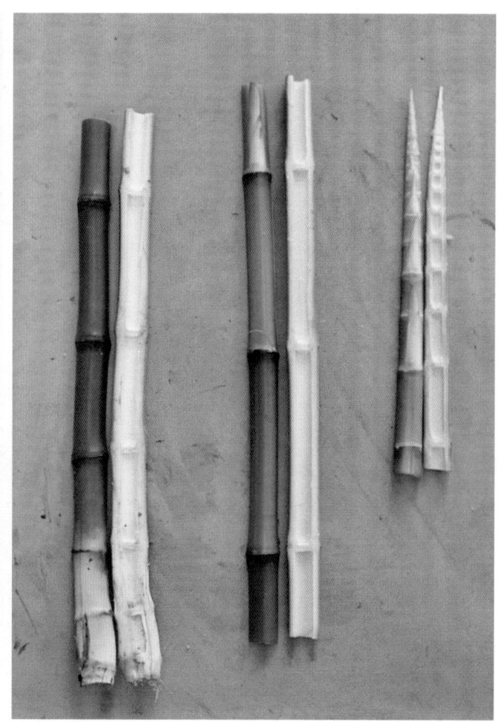

图 2-7　秆形生长

图 2-8　成竹生长

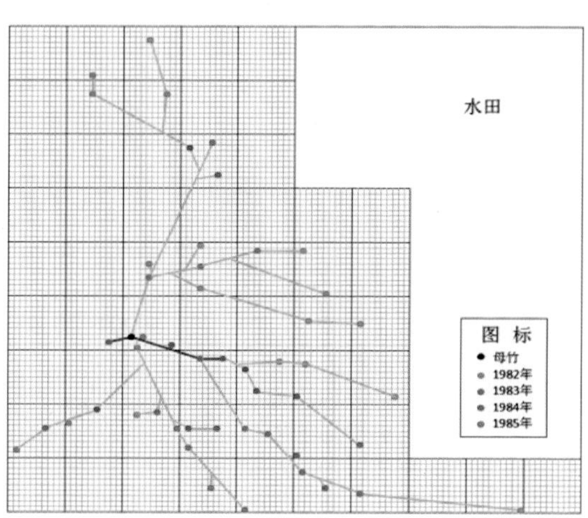

图 2-9　一株高节竹形成了一个竹树系统

第三章　分类经营

图 3–1　平地高节竹林

图 3–2　河谷两岸高节竹林

图 3–3　丘陵高节竹林

图 3-4　山地高节竹林

图 3–5　一般经营型

图 3-6　丰产经营型

图 3–7　高产经营型

图 3-8　高节竹特殊用途型

第四章　造林技术

图 4-1　地形条件

图 4-2　母竹质量

图 4-3　带土 10kg

图 4–4　母竹包扎运输

图 4–6　适当施肥，促进成活

图 4–7　母竹栽种，酌情浇水

图 4–8　高大母竹，打桩固定

第五章　幼林管护与成林培育

图 5-1　母竹留养过近过密

图 5-2　松土

图 5-3　竹园清理

图 5-4　施肥

图 5-5　浇水

图 5-6　母竹留养

图 5-7　采伐

第六章 特色高产高效经营

图 6–1 高节竹覆盖笋

图 6–2 竹叶覆盖竹林

图 6–3 高节竹鞭笋

图 6–4

图 6-5　鞭笋覆盖竹林

图 6-6　发现鞭笋

图 6-7　鞭笋采收

图 6-8　高产试验基地

图 6-9　竹林结构

图 6-10　施肥

图6-11 钩梢

图 6-12　周金玉门前的竹笋
（1989 年拍摄）

图 6-13　选择白笋覆土竹林

图 6-14　培育改造

图 6-15　覆土

图 6-16　母竹留养

图 6-17　竹笋采收

第七章　竹林病虫害防治

图 7–1　杀虫灯

图 7–2　以鸟治虫

图 7–3　竹秆锈病

图 7-4　竹丛枝病

图 7-5　竹煤污病

图 7–6 竹珍病

图 7–7 竹叶锈病

图 7–8 竹蚜虫

图 7–9 沟金针虫

图 8-1 天目挺尖

图 8-2 天目笋干·竹篓包装

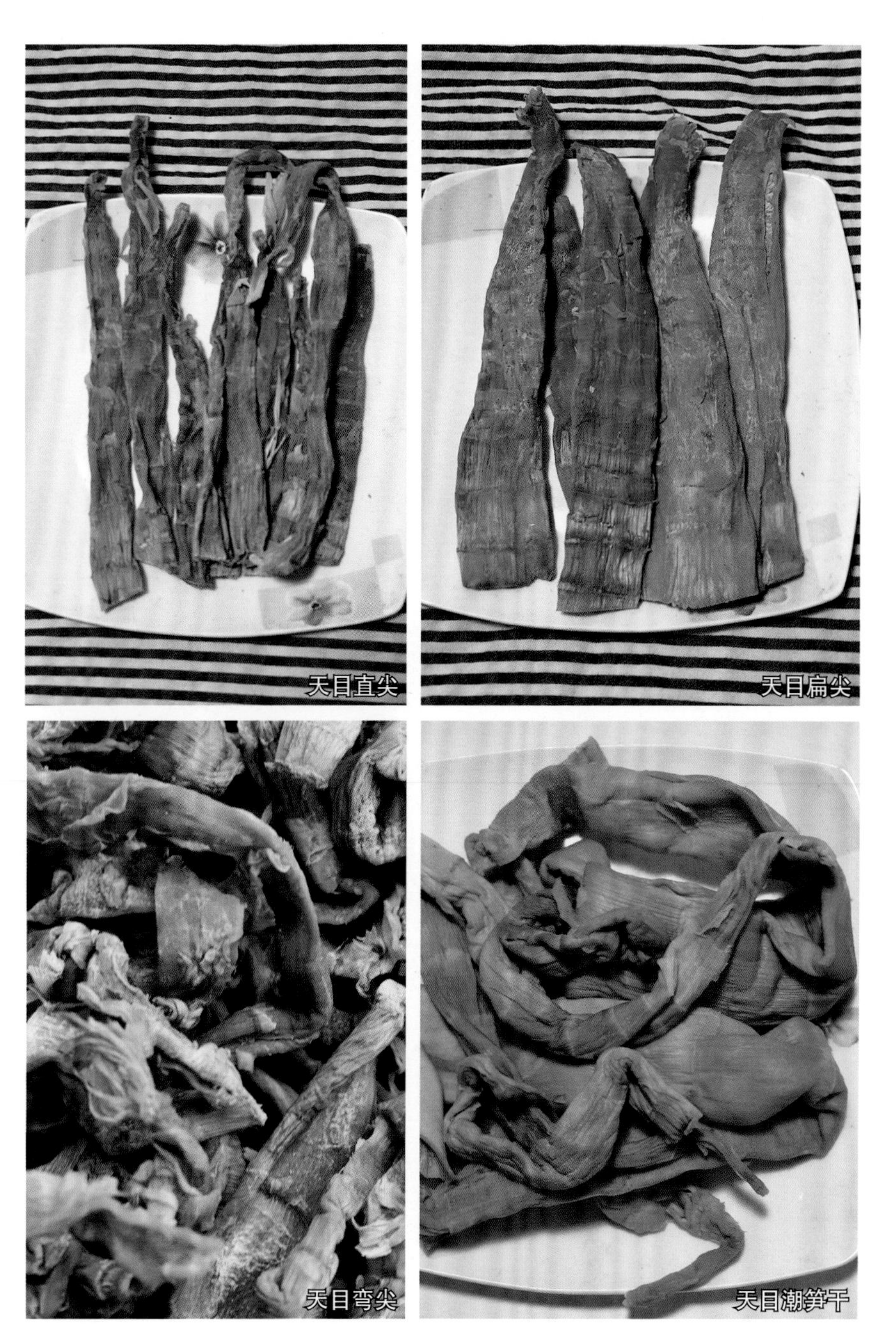

图 8-3　天目笋干·产品品种

图 8–4 天目笋干・加工

图 8–5–1　高节竹水煮笋加工

图 8-5-2　高节竹水煮笋加工

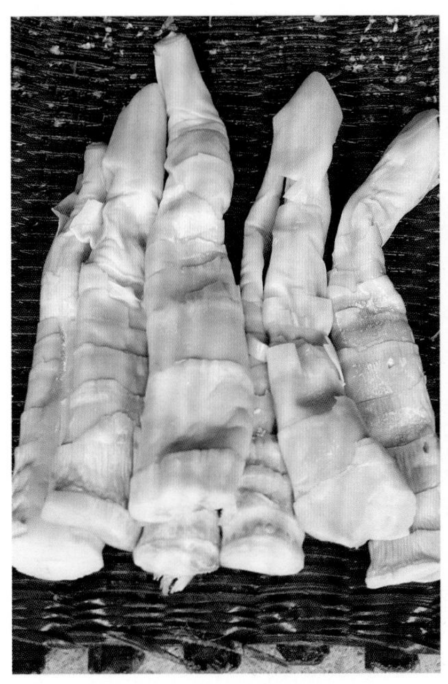

图 8-6　腌笋

图 8-7-1　脱水笋干

图 8-7-2　脱水笋干脱水设备

图 8-7-3　脱水笋干烘干

图 8-8　速冻笋产品

图 8-9　液氮速冻机

原料笋

加工整理

油焖笋

调味笋

图 8–10　调味笋加工

图 8-11　手剥笋产品

图 8-12　原料笋

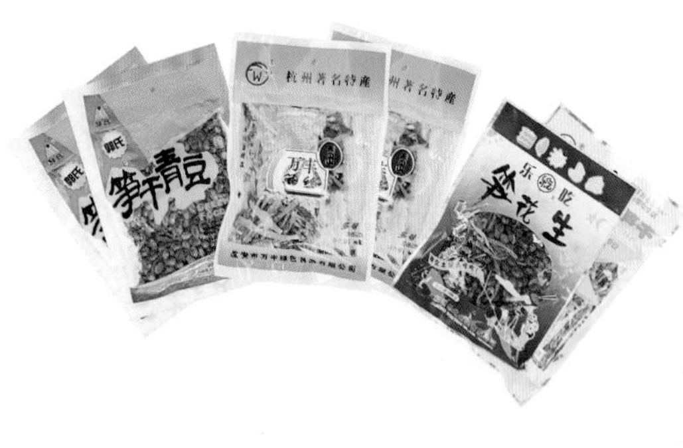

图 8-13　休闲笋